高等学校大数据专业系列教材

U0156327

数据库技术与应用导论

微课视频版

奎晓燕 王磊 编著

清华大学出版社

北京

内 容 简 介

本书旨在为初学者提供数据库技术的基础知识，并通过引导读者动手实操获得运用数据库技术的基本能力。本书有两个主要特点：一是内容体系比较完整，既涵盖经典的关系数据库，又涵盖新型的非关系数据库；二是以比较生动的实例教学法来穿插讲解数据库的原理和使用方法，每章都包含大量的动手实操内容。全书共 7 章，内容分别为数据库技术概论、关系数据库技术基础、关系数据库的管理和查询、关系数据库技术应用、文档数据库 MongoDB 的原理与应用、图数据库 Neo4j 的原理与应用、键值数据库 Redis 的原理与应用。书中的每个知识点都有相应的实现代码和实例。

本书主要针对高等学校数据库技术基础课程的教学，也适合广大对数据库技术有兴趣的读者自学。

图书在版编目(CIP)数据

数据库技术与应用导论：微课视频版/奎晓燕，王磊编著.—北京：清华大学出版社，2024.3
高等学校大数据专业系列教材
ISBN 978-7-302-65531-2

Ⅰ．①数…　Ⅱ．①奎…②王…　Ⅲ．①数据库系统－高等学校－教材　Ⅳ．①TP311.13

中国国家版本馆 CIP 数据核字(2024)第 044667 号

责任编辑：陈景辉　李　燕
封面设计：刘　键
责任校对：胡伟民
责任印制：曹婉颖

出版发行：清华大学出版社
　　　　　网　　址：https://www.tup.com.cn,https://www.wqxuetang.com
　　　　　地　　址：北京清华大学学研大厦 A 座　　邮　　编：100084
　　　　　社 总 机：010-83470000　　　　　邮　　购：010-62786544
　　　　　投稿与读者服务：010-62776969，c-service@tup.tsinghua.edu.cn
　　　　　质量反馈：010-62772015，zhiliang@tup.tsinghua.edu.cn
　　　　　课件下载：https://www.tup.com.cn,010-83470236
印 装 者：三河市科茂嘉荣印务有限公司
经　　销：全国新华书店
开　　本：185mm×260mm　　印　　张：12.5　　　　　字　　数：312 千字
版　　次：2024 年 4 月第 1 版　　　　　　　　　　　印　　次：2024 年 4 月第 1 次印刷
印　　数：1～1500
定　　价：49.90 元

产品编号：097025-01

前　言

互联网传递的是信息,信息的载体是数据。如何高效地存储和查询数据是每一个互联网服务提供商需要面对的关键问题,也是每一位有志从事 IT 技术应用的研发人员必须掌握的基本功。当代的数据库技术日新月异,经典的关系数据库老当益壮且不断向网络化和智能化演进,新型的非关系数据库百花齐放,各自也都能独当一面。面对繁多的数据库技术和工具,怎样能在较短时间里理清其脉络,掌握其主要技术精髓和基本的动手实践能力是每一位初学者共同关心的问题。本书旨在为初学者提供这样一本参考书,较全面地涵盖当前主流的各类数据库的基本原理和技术特点,并且针对其中的典型数据库,结合具体案例介绍其基本操作和编程方法。希望本书能够成为数据库技术初学者的好帮手,陪伴读者在对数据库技术的学习中不断进步。

本书主要内容

本书是关于数据库技术的入门书,适合具备程序设计基础,特别是 Python 3 基础的读者学习。读者可以在短时间内学习本书中介绍的所有原理和方法。全书内容可分为三部分。

第一部分主要对数据库技术进行介绍,包括第 1 章。

第二部分针对关系数据库技术,包括第 2～4 章。第 2 章"关系数据库技术基础",内容包括关系数据库的特点、基本概念、数据库设计的基本方法和 SQL 基础。第 3 章"关系数据库的管理和查询",以华为 openGauss 数据库为载体,以方便云端部署的 Docker 平台为依托,介绍关系数据库系统的安装和配置方法、关系数据库的常规管理方法和基于 Python 的编程方法。第 4 章"关系数据库技术应用",围绕一个应用实例讲解关系数据系统从需求分析到数据库设计、从界面设计到程序开发方法的全流程,让读者运用华为 openGauss 数据库在华为云上部署自己的数据库 Web 应用程序。

第三部分针对非关系数据库,包括第 5～7 章。第 5 章"文档数据库 MongoDB 的原理与应用",内容包括文档数据库 MongoDB 的特点和基本概念、MongoDB 系统的安装和配置方法、基于命令行和图形化界面的 MongoDB 管理方法以及基于 Python 的编程方法。第 6 章"图数据库 Neo4j 的原理与应用",内容包括图数据库 Neo4j 的特点和基本概念、Cypher 语言基础、Neo4j 的安装和配置方法、基于命令行和图形化界面的 Neo4j 操作方法、基于 Python 的 Neo4j 编程方法。第 7 章"键值数据库 Redis 的原理与应用",内容包括键值数据库的特点和基本概念、Redis 数据库的安装和配置方法、基于命令行和图形化界面的 Redis 操作方法、基于 Python 的 Redis 编程方法。

本书特色

(1) 涵盖面较广。本书既涵盖经典的关系数据库,又涵盖新型的非关系数据库,适合读者全面理解和掌握数据库技术。在各类新型非关系数据库中,涵盖常用的文档数据库、图数据库和键值数据库。

(2) 案例驱动。本书强调实用,第 2～7 章中每章都包含大量实操内容,且围绕具体案例展开讲解，引导读者理解相关原理和方法的技术特点、使用场合和注意事项。特别是第4章，围绕一个应用实例讲解关系数据库系统从需求分析到数据库设计、从界面设计到程序开发方法的全流程，让读者运用华为 openGauss 数据库在华为云上部署自己的数据库 Web 应用程序。

（3）注重实用。本书服务于数据库技术的初学者。本书没有长篇累牍地讲解数据库技术背后深奥的数理知识，而是针对初学者的认知基础，挑选必要的理论知识深入浅出地讲解。本书更多的篇幅是帮助读者理解数据库技术的使用方法，不仅仅是作为系统管理员的常规数据库维护方法，还针对每种类型的数据库讲解了如何通过 Python 语言对其进行编程。

（4）培养全栈开发能力。在数据库编程方面，除讲解如何用 Python 对数据库进行增、删、改、查外，还讲解如何建构基于 Gradio 的 Web 图形界面程序，以最小的学习成本让读者具备数据库应用的全栈开发能力。

配套资源

为便于教与学，本书配有微课视频、源代码、教学课件、教学大纲、教学进度表、期末试卷及答案。

（1）获取微课视频的方式：先刮开并用手机版微信 App 扫描本书封底的文泉云盘防盗码，授权后再扫描书中相应的视频二维码，观看教学视频。

（2）获取源代码和全书网址的方式：先刮开并用手机版微信 App 扫描本书封底的文泉云盘防盗码，授权后再扫描下方的二维码，即可获取。

源代码

全书网址

（3）其他配套资源可以扫描本书封底的"书圈"二维码，关注后回复本书书号，即可下载。

读者对象

本书主要针对高等学校数据库技术基础课程的教学，也适合广大对数据库技术有兴趣的读者自学。

致谢

刘波和颜浩楠分别参与了本书第5章和第7章的撰写和修改工作；刘泽星老师参与了本书的校对工作；清华大学出版社的编辑们对书稿提出了宝贵意见并进行了认真校对。在此一并表示衷心的感谢！

在编写本书的过程中，作者参考了诸多相关资料，在此对相关资料的作者表示衷心的感谢。限于个人水平和时间仓促，书中难免存在疏漏之处，欢迎广大读者批评指正。

作　者

2024 年 1 月

目　录

第 1 章

数据库技术概论

1.1 数据库概述

数据是信息和知识的载体,也是驱动人工智能等新技术发展的基础,因此能够确保数据被高效存储和查询的数据库技术便成了生产和生活中不可或缺的核心技术之一。每一位有志从事 IT 技术应用的研发者都有必要掌握数据库方面的基础知识。本节将讨论什么是数据库及常见的数据库类型。

数据库是存储在计算机中的信息的集合,使计算机能够以一种有组织的、易于搜索的方式存储基本信息。数据库的用途非常广泛,从学生信息管理到在线购物,再到分析股票市场,它的身影无处不在。

随着数据库技术的进步,不同类型的数据库技术也在发展。现在有许多不同类型的数据库,根据它们的设计方式,每种数据库都有其特点。对于开发者来说,理解不同类型的数据库,从而根据实际需求来选取恰当的数据库是开发中的重要一环。

数据库主要分为关系数据库(SQL 数据库)和非关系数据库(NoSQL 数据库)。在实际开发中,根据所需数据和开发功能的需求,可以使用一种或多种类型的数据库。

1.1.1 关系数据库

关系数据库是最常见的数据库类型。它使用模式(Schema),相当于一个模板,用于指定存储在数据库中的数据结构。例如,一家向客户销售产品的公司必须有某种恰当的数据结构来存储知识,以了解这些产品的去向、销售对象和数量。

1. 关系数据库的组成

通常,关系数据库由多个表组成。例如,第一个表用于显示客户的基本信息,第二个表用于显示销售的产品数量,第三个表用于枚举谁购买了此产品以及在哪里购买。每个表中都可以保存很多行数据,为了实现对多行数据的区分和访问,通常会设置一个在行与行之间不会重复的数据项来标识每一行数据,我们称其为"关键字段",或简称为"键"(Key)。表与表之间通常是有关联的,而且是通过一些相同的信息项来实现关联的,这些相同的信息项一般被称为"外键"(Foreign Key)。

表也称为实体,它们彼此之间是有关系的。包含客户信息的表可能为每个客户提供一个特定的 ID,该 ID 可以表示关于该客户的所有信息,如他们的地址、姓名和联系信息。另外,带有产品描述的表可以为每个产品分配一个特定的 ID。存储所有订单的表只需要记录这些 ID 及其数量。这些表的任何更改都会影响所有表,但会以可预测和系统的方式影响。

2. 常见的关系数据库

常见的关系数据库包括商业的 Oracle、SQL Server 和开源的 PostgreSQL、MySQL。近年来,国产的具有自主知识产权的数据库系统也如雨后春笋般涌现并成长起来,具有代表性的包括华为公司的 openGauss 数据库、GaussDB 云数据库等。

3. 优点与缺点

关系数据库有其自身的优缺点,在选择合适的数据库之前,请开发者酌情考虑。

1) 优点

■ 关系数据库遵循一个严格的模式,这意味着每个新条目必须具有不同的组件,以使其适用于预先形成的模板。它使数据可预测且易于评估。

■ 关系数据库中的事务(对数据库的一组操作指令序列)一般具有 ACID 特性,即原子性(Atomicity)、一致性(Consistency)、隔离性(Isolation)和持久性(Durability)。这意味着每个事务中的操作要么都执行,要么都不执行。用户的操作意图会被完整地执行,不会出现因事务做到一半出错而导致数据错误的情况发生。

■ 严格的模式定义和 ACID 特性使关系数据库的结构良好,大大减少了出错的机会。

2) 缺点

■ 关系数据库严格的模式和约束,使其难以有效适应各类非结构化的互联网数据,比如自由文本和各类多媒体数据。

■ 模式和约束阻碍了数据在不同厂家的关系数据库管理系统之间的迁移。由于不同厂家的数据库的模式定义方式和兼容类型有差别,因此不能简单地互联互通。

1.1.2 非关系数据库

非关系数据库(Not Only SQL,也称 Non-SQL,简称 NoSQL)也是常见的数据库类型。NoSQL 在结构和形式上比关系数据库更宽容。与具有列和行的表不同,它具有不同类别的集合,如用户和订单由文档说明。因此,一个集合中可以有多个文档。此外,它可能遵循,也可能不遵循任何特定的模式。一个文档可以在集合中包含名称、地址和产品;同时,另一个文档可以在同一个集合中只有一个名称和产品,因为这些文档没有特定的模式。不同的集合之间不一定有关系。

1. 非关系数据库的组成

不同的 NoSQL 具有不同的组成方式。文档数据库的基本组成单元是文档,类似于关系数据库中的行;多个文档可以组成集合,类似于关系数据库的表。图数据库的组成单元是节点,节点可以包含多个属性,多个节点之间可以定义关系,通过节点和节点之间的关系可以存储复杂的关联数据,比如社交网络信息。键-值数据库的基本组成单元是键-值对,非常简单,整个数据库可以认为是很多键-值对的集合。

2. 常见的非关系数据库

常见的非关系数据库有文档数据库、图数据库和键-值数据库。

1) 文档数据库

以 MongoDB 为代表的文档数据库不以固定的表来组织数据,而是以比较自由的文档来组织数据。在 MongoDB 中,统一的结构不是记录的必要条件。它可以有大量的类型和值,并且它们可以嵌套。数据存储在 JSON 文档中。

2) 图数据库

以 Neo4j 为代表的图数据库擅长保存不同数据之间的关联。它可以保存并分析不同类型的数据及其相互关系。在图数据库中,数据以相关对象或节点网络的形式表示。

3) 键-值数据库

以 Redis 为代表的键值数据库仅存储并提供有关键-值对的快速存储和访问机制。这是一种存储和访问数据的简单方法,由于所存储的主要数据经常存储在内存中,不需要与硬盘交互,因此键值数据库的访问速度一般非常快。

3. 优点与缺点

与其他所有数据库一样,非关系数据库也是不完美的,它有一些优点,也有一些限制。

1) 优点
- 它的无模式特性使管理和存储大量不同类型的数据变得更加容易。
- 数据不太复杂,可以分布在多个不同的节点之间,以便更好地访问。

2) 缺点
- 由于它没有存储数据的特定结构或模式,因此不能依赖某个字段的数据来访问或检索。
- 没有关系会使更新数据变得非常困难,因为必须单独更新每个细节。

1.2　数据库技术的发展趋势

关系数据库历久弥新,依然占据着数据存储市场的主导地位。关系数据库模型在 20 世纪 70 年代开始出现,并迅速获得普及应用。时至今日,它仍然是最常用的数据库类型。根据著名的数据库技术网站(db-engines.com)的调研,截至 2023 年 6 月,前五大受欢迎的数据库中的 4 个都是关系数据库,分别是 Oracle、MySQL、SQL Server、PostgreSQL 和 MongoDB;唯一突破前 5 名的 NoSQL 数据库是 MongoDB。一些顶级的企业和网站依然在使用关系数据库存储和查询数据,包括华为、腾讯、Facebook 和 Airbnb。

数据库技术也在不断发展和改进,根据 db-engines.com 的调研结果,截至 2023 年 6 月,在前 22 大最受欢迎的数据库中已经涌现出至少 7 种非关系数据库,比如文档数据库 MongoDB、键值数据库 Redis 和图数据库 Neo4j。以下是一些当前和未来数据库技术的发展趋势。

- NoSQL 数据库:NoSQL 数据库已经成为流行的选择之一,使得开发人员可以使用更灵活的数据模型来存储和检索非结构化数据。
- 云数据库:云数据库将数据库与云计算相结合,从而提供了更大的可伸缩性和更高的可用性。它提供了自动备份、故障转移和计费,从而使得运营一个数据库变得更加容易和简单。
- 人工智能:人工智能技术可以帮助数据库管理员(Database Administrator,DBA)运维更容易、更智能化。例如,它可以帮助数据库管理员自动识别和解决数据库性能问题,自动优化数据库配置并防止数据泄露等。

总之，数据库技术的发展趋势不断改变。随着新技术的不断涌现，我们可以期待更好、更强大、更高效的数据库系统在未来出现。

1.3　本章习题

1．(判断题)关系数据库是基于模式的，需要严格地定义数据表的结构和数据类型。(　　)

2．(判断题)不同厂家的关系数据库采用同样的模式定义方法，而且兼容相同的数据类型。(　　)

3．(判断题)目前 NoSQL 已经取代关系数据库成为最流行的数据库。(　　)

4．(单选题)下面哪一种数据库不属于关系数据库？(　　)

　　A．MySQL　　　　B．Oracle　　　　C．openGauss　　　D．MongoDB

5．(单选题)下面关于关系数据库的 ACID 特性的叙述中错误的是(　　)。

　　A．ACID 中的 A 指原子性(Atomicity)

　　B．ACID 中的 D 指持久性(Durability)

　　C．ACID 特性使得事务一定会被执行

　　D．ACID 有助于避免数据库由于操作失败而产生错误数据

6．(简答题)常见的 NoSQL 数据库有哪些？分别有什么特点？

第 2 章

关系数据库技术基础

2.1 关系数据库简介

遵循关系模型并以表格格式存储数据的数据库称为关系数据库。关系数据库擅长以表格的方式存储结构化的数据。关系数据库非常常见,其使用率很高。用户在网上以表格或类似形式输入的几乎所有内容都存储在关系数据库中。常见的关系数据库有 Oracle、MySQL、Microsoft SQL Server 等。我国自主研发的关系数据库也已经成熟,且广泛投入商用,比如华为公司的 openGauss 数据库和 GaussDB 云数据库等。

关系模型将数据组织到一个或多个由列和行组成的表(也常被称作"关系")中,并使用唯一的键标识每一行。行也称为记录或元组。列也称为属性。通常,每个表/关系代表一个"实体类型"(如客户或产品)。行表示该类型实体的实例(如一行个人信息或一行商品信息),列表示属于该实例的属性值(如人的姓名或商品的价格)。

1970 年 6 月,IBM 公司圣何塞研究实验室的埃德加·科德首次定义了关系数据库。自此,人们用关系数据库管理系统(Relational DataBase Management System,RDBMS)来表示基于关系数据库的原理进行数据存储和查询的软件系统。目前已经有很多厂商推出了各自的RDBMS,它们之间遵循相似的原理,但往往具有差异化的功能。常见的 RDBMS 包含商业的Oracle、SQL Server、GaussDB 等,也包含开源免费的 MySQL、PostgreSQL 和 openGauss 等。

关系数据库的表格结构是此类数据库的主要优点。这样规整的数据库结构使得高效的数据检索成为可能,而且通过对数据的有效性检查和类型约束也确保了数据的完整性和准确性。

表与表之间通过共同的数据列实现关联是关系数据库的主要特点。比如在学生信息表中保存包括学号和姓名等学生基本信息,在选课表中保存学号和对应学号的学生所选课程编号的信息,这两个表存在共同的数据列"学号",因此它们是相关联的。通过这种关联信息,可以方便地获取每一位学生的信息及其所选课程的相关信息。在实际应用场景中,往往有很多表,通过表之间的关联,我们可以实现复杂的信息检索。

2.2 关系数据库的相关基本概念

1. 关系数据库的重要术语

表 2-1 总结了一些重要的关系数据库术语。

表 2-1 一些最重要的关系数据库术语

SQL 术语	关系数据库术语	说　　明
Row(行)	Tuple or Record(元组或记录)	单个数据条目
Column(列)	Attribute or Field(属性或字段)	描述数据的属性，如"地址"或"出生日期"
Table(表)	Relation(关系)或表	共享相同属性的一组元组；一组列和行
View(视图)	视图	任何元组集合；RDBMS 响应查询的数据报告

2. 重要概念

1) 主键

每个关系/表都有一个主键，主键是一个特殊的列，其中的元素值必须非空且不能重复。主键值的唯一性使得每个元组都具有唯一性和可区分性。虽然自然属性(用于描述输入数据的属性，比如姓名)有时是很好的主键，但通常使用代理键。代理键是分配给一个对象的人工属性，该对象唯一地标识它(例如，在关于学生信息的表中，为了区分每个元组，可能会给该表设计一个学生 ID 列作为主键)。代理键没有内在含义，而是通过它唯一标识元组。有时也会将表中的两个或多个属性组成复合键来标识不同的记录。虽然复合键中的单个属性不具有唯一性，但它们的组合具有唯一性，因而复合键具有区分和标识不同记录的功能。

2) 外键

外键是关系数据库中的一种约束条件，它用于建立两个表之间的联系。外键的意义是保证数据的完整性和一致性，避免出现冗余或不一致的数据。外键的作用是实现表之间的联合查询，根据外键值在不同的表中查找相关的数据。例如，学生表中有一个外键是班级编号，它对应着班级表中的主键。通过外键，我们可以在学生表中查询某个学生所属的班级，或者在班级表中查询某个班级包含的学生。

3) 存储过程

存储过程是一种在数据库中预先定义好的一组指令(通常是用 SQL 语言编写的)，可以通过一个唯一的名称来调用执行。

存储过程的意义和作用有以下几点：

(1) 存储过程可以提高数据库的性能，因为它只需要编译一次，然后就可以重复使用，减少了网络传输和解析的开销。

(2) 存储过程可以保证数据的安全性，因为它可以限制用户对数据库的访问权限，只允许执行特定的操作，防止 SQL 注入等攻击。

(3) 存储过程可以增强数据库的功能，因为它可以使用变量、条件、循环、异常处理等逻辑控制语句实现复杂的业务逻辑，而不仅仅是简单的数据查询和更新。

(4) 存储过程可以提高数据库的可维护性，因为它可以统一管理和修改，避免了代码的冗余和不一致。

4) 索引

索引是提供对数据的快速访问的一种方式，可以在关系上的任何属性组合上创建索引。使用这些属性过滤的查询可以直接使用索引(类似于哈希表查找)找到匹配的元组，而无须依次检查每个元组。这类似于使用一本书的索引直接转到你正在寻找的信息所在的页面，这样你就不必阅读整本书来找到你正在寻找的信息。关系数据库通常提供多种索引技术，每种技术都是数据分布、关系大小和典型访问模式的最佳组合。索引通常通过 B+树、R 树和位图实现。在主键和外键上使用高效索引可以显著提高查询性能。这是因为 B+树索引导致的查询

时间与 $\log(n)$ 成比例,其中 n 是表中的行数。

5) 约束

约束是一种特殊的规则,它应用于一个或多个列,或者整个表,限制了对表中数据的修改,无论是通过插入、更新还是删除语句。约束可以保证数据库中数据的质量、完整性和有效性。约束也可以用来强制实施参照完整性,这是防止数据库中出现逻辑上不完整的数据的方法。

关系数据库中主要有以下 4 种类型的约束:

(1)域约束:每个域必须包含原子值(最小不可分割的单位),这意味着不允许有复合属性或多值属性。我们在这里进行数据类型检查,也就是说,当我们给一个列分配一个数据类型时,限制了它可以包含的值。例如,如果将属性 age 的数据类型指定为 int,那么不能给它赋予除 int 外的其他数据类型的值。

(2)主键约束或唯一性约束:其中唯一性约束确保关系中的每个元组都是唯一的。一个关系可以有多个字段,我们选择其中一个作为主键。主键必须具有唯一性且不允许有空值。

(3)实体完整性约束:这些约束保证了关系模式中每个元组都能唯一地标识一个实体。实体完整性约束要求主键不能包含空值,并且不能有两个元组具有相同的主键值。

(4)参照完整性约束:这些约束保证了关系模式之间的一致性和协调性。参照完整性约束要求一个关系中的外键必须与另一个关系中的主键相匹配,或者为空值。这样可以防止出现孤立的或无效的引用。

6) 视图

在关系数据库中,视图是一种虚拟的表,它不存储任何数据,而是由一个查询语句定义。视图的作用是让用户能够看到实际数据的一部分,例如可以通过视图来隐藏一些敏感或复杂的数据,或者将多个表的数据合并在一起。视图可以像普通的表一样被查询,但是视图的更新可能受到限制,因为视图的数据来源于其他表。

7) SQL

SQL(Structured Query Language,结构化查询语言)是一种用于访问和操作数据库的标准语言。SQL 在 20 世纪 70 年代由 IBM 的计算机科学家开发。SQL 的作用是让用户可以通过编写查询语句(query statement)来获取或修改数据库中的数据。SQL 支持多种操作,如选择(SELECT)、更新(UPDATE)、删除(DELETE)、插入(INSERT)、条件过滤(WHERE)、排序(ORDER BY)、分组(GROUP BY)、连接(JOIN)等。SQL 还可以创建新的数据库、新的表、新的存储过程、新的视图,以及设置表、过程和视图的权限。SQL 是一种通用的、标准化的、跨平台的数据库语言,它被广泛应用于各种数据管理和分析场景中。

SQL 是有国际标准的。自 1970 年以来,SQL 是最早的商业数据库语言之一。从那时起,不同的数据库供应商在其产品中实施了 SQL,但有一些变化。为了提高供应商之间的一致性,美国国家标准协会(American National Standards Institute,ANSI)于 1986 年发布了第一个 SQL 标准。ANSI 随后于 1992 年更新了 SQL 标准,称为 SQL92 和 SQL2,并于 1999 年再次更新为 SQL99 和 SQL3。每次,ANSI 都会在 SQL 中添加新的功能和命令。截至 2023 年 6 月,最新的 SQL 标准是在 2023 年由 ANSI 和国际标准组织制定的 ISO/IEC 9075:2023 标准。SQL 标准将跨数据库产品的 SQL 语法结构和行为标准化。对于像 MySQL 和 PostgreSQL 这样的开源数据库,它变得更加重要,因为 RDBMS 主要由社区而不是大公司开发。

8) DBMS。

DBMS(Database Management System,数据管理系统)是一种使用户能够定义、创建、维护和控制对关系数据库访问的软件系统。DBMS 提供的功能可以有很大的差异,核心功能是数据的存储、检索和更新。通常,DBMS 将提供一组实用程序,用于有效管理数据库所需的目的,包括导入、导出、监控、碎片整理和分析实用程序。数据库和应用程序接口之间交互的 DBMS 的核心部分有时被称为数据库引擎。

2.3 关系数据库的设计方法

2.3.1 关系数据库设计中的基本概念

数据库设计者的首要任务是生成一个概念数据模型,该模型反映数据库中要保存的信息的结构。一种常见的方法是开发一个实体-关系模型,这通常借助于绘图工具。另一种流行的方法是统一建模语言。一个成功的数据模型将准确地反映被建模的外部世界的可能状态。例如,如果人们可以拥有多个电话号码,我们设计的数据库就要能够保存每个人的多个电话号码。设计一个好的概念数据模型需要对应用领域有很好的理解,它通常涉及对数据库所服务的具体业务提出深层次的问题,比如"客户也可以是供应商吗?",或者"如果一种产品以两种不同的包装形式销售,那么是同一种产品还是不同的产品?",或者"如果一架飞机从北京经长沙飞往昆明,那么是一班还是两班(甚至三班)?"。这些问题的答案建立了实体(客户、产品、航班、航段)所用术语的定义及其关系和属性。

在设计数据库时,还需要考虑那些影响数据库性能、可伸缩性、备份恢复和安全性等方面的问题。这些问题是确保系统稳定运行的重要因素,而且针对不同的 DBMS,其解决方法也往往不同。这些方面的数据库设计通常被称为物理数据库设计,其输出的是物理数据模型。此阶段的一个关键目标是数据独立性。数据独立性有两种类型:物理数据独立性和逻辑数据独立性。物理设计主要由性能需求驱动,需要对预期工作负载和访问模式有很好的了解,并对所选的 DBMS 提供的特性有深刻的理解。物理数据库设计的另一个方面是安全性,它包括定义对数据库对象的访问控制,以及定义数据本身的安全级别和方法。

下面介绍常用的实体关系(Entity Relation,ER)模型。

ER 模型通常是系统分析的结果,用于定义和描述业务领域中所涉及的实体及其联系。ER 模型通常以图的方式呈现,例如用方框表示实体,用框与框之间的连线表示实体之间的关系。它也可以用语言方式表达,例如一栋楼可以分为零个或多个公寓,但一个公寓只能位于一栋楼中。

实体不仅可以通过关系来表征,还可以通过其属性来表征,这些属性包括称为主键的标识符。为表示属性以及实体和关系而创建的图可以称为实体-属性关系图。

ER 模型通常被实现为数据库。在实现一个简单的关系数据库时,表的每一行表示实体类型的一个实例,表中的每个字段表示属性类型。在关系数据库中,实体之间的关系是通过将一个实体的主键存储为另一个实体表中的指针或外键来实现的。

ER 数据模型可以在两个或三个抽象级别上构建,分别说明如下。

1. 概念数据模型

这是最高级别的数据模型,因为它包含最少的细节,但确定了模型集中包含的内容的总体范围。概念数据模型通常用于定义组织常用的主参考数据实体。开发一个企业范围的概念数据模型对于支持记录组织的数据架构非常有用。

概念数据模型可以用作一个或多个逻辑数据模型的基础(见下文)。概念数据模型的目的是为逻辑数据模型集之间的主数据实体建立结构元数据通用性。概念数据模型可用于在数据模型之间形成通用关系,作为数据模型集成的基础。

2. 逻辑数据模型

逻辑数据模型比概念数据模型包含更多细节。除主数据实体外,还定义了操作和事务数据实体,用于确定每个数据实体的详细信息,并建立这些数据实体之间的关系。逻辑数据模型是独立于可以实现它的特定数据库管理系统的。

3. 物理数据模型

可以从每个逻辑数据模型开发一个或多个物理数据模型。物理数据模型通常被实例化为数据库。因此,每个物理数据模型必须包含足够的细节以生成数据库,并且每个物理数据模型都依赖于具体的 DBMS,因为每个 DBMS 都有不同的功能。

物理数据模型通常在数据库管理系统的结构元数据中实例化为关系数据库对象(如数据库表)、数据库索引(如唯一键索引)和数据库约束(如外键约束或公共性约束)。物理数据模型通常也用于对关系数据库对象的修改,以及维护数据库的结构元数据。

信息系统设计的第一阶段是在需求分析期间使用这些模型来描述信息需求或要存储在数据库中的信息类型。数据建模技术可用于描述某个感兴趣的领域的任何本体(所用术语及其关系的概述和分类)。在基于数据库的信息系统设计中,概念数据模型在后期(通常称为逻辑设计)被映射到逻辑数据模型(如关系模型),又在物理设计期间被映射到物理模型。注意,有时这两个阶段都被称为"物理设计"。

一个实体可以被定义为一种能够独立存在的事物,可以被唯一地识别。实体是从域的复杂性中抽象出来的。当我们谈论一个实体时,通常会谈论现实世界的某些方面,这些方面可以与现实世界的其他方面区分开来。

实体是物理上或逻辑上存在的事物。实体可以是诸如房屋或汽车(它们在物理上存在)之类的物理对象,房屋销售或汽车服务之类的事件,或者客户交易或订单之类的概念(它们作为概念在逻辑上存在)。实体和实体类型是两个有区别的概念,实体类型是一个类别。严格来说,实体是给定实体类型的实例。实体类型通常有许多实例。

实体可以被认为是名词,如计算机、员工、歌曲、数学定理等。

关系用于捕捉实体之间的关系。关系可以看作是动词,用于连接两个或多个名词,如公司与计算机之间的所有者关系、员工与领导之间的监督关系、艺术家与歌曲之间的表演关系、数学家与猜想之间的证明关系等。

实体和关系都可以具有属性,如一个员工实体可能有一个身份证号(ID)属性,而数学家与猜想之间的证明关系可以有日期属性。

实体关系图(Entity Relationship Diagram,ERD,也称为 ER 图)不显示单个实体或关系的单个实例。相反,它显示了实体集(相同实体类型的所有实体)和关系集(相同关系类型的所有关系)。例如,特定歌曲是一个实体,数据库中所有歌曲的集合是一个实体集,孩子和午餐之间被吃掉的关系是一种单一的关系,数据库中所有此类孩子和午餐关系的集合是关系集合。

2.3.2 ER 图的使用方法

ER 图是有助于表示 ER 模型的可视化工具。Peter Chen 在 1971 年提出了 ER 图,以创建可用于关系数据库和网络的统一约定。ER 图是一种显示数据库中存储的实体集关系的图。换句话说,ER 图有助于解释数据库的逻辑结构。ER 图是基于 3 个基本概念创建的:实体、属性和关系。ER图包含不同的符号,这些符号使用矩形表示实体,菱形表示关系。ER图有多种画法,本书使用Crow's Foot符号表示法。

使用ER图的好处如下。

- 帮助定义与实体关系建模相关的术语。
- 预览所有表的连接方式,以及每个表上的字段。
- 帮助描述实体、属性和关系。
- ER图可转换为关系表,以便快速构建数据库。
- ER图可以被数据库设计者用在特定的软件应用程序中实现数据的蓝图。
- 借助ER图,数据库设计者可以更好地了解数据库中包含的信息。
- 借助ER图,数据库设计者可以与用户沟通数据库的逻辑结构。

ER图与流程图非常相似。然而,ER图包括许多专用符号,其含义使ER图能直观地表示数据库结构的设计思路。ER图中的主要部件及其符号如下。

- 矩形:表示实体(实体集)。
- 菱形:表示实体之间的关系。

1. 鉴别实体和属性

要画ER图,首先要分析所针对的问题中包含哪些实体。在关系数据库中,实体是指一个具有独立存在意义的事物,例如人、地点、物品或事件。实体可以用一个表来表示,表中的每一行对应一个实体的实例,表中的每一列对应一个实体的属性。例如,学生是一个实体,可以用一个学生表来表示,表中的每一行是一个学生的信息,表中的每一列是一个学生的姓名、学号、年龄等属性。

实体可以是地点、人、对象、事件或概念。实体的特征必须具有属性和唯一键。每个实体都由代表该实体的一些属性组成。

实体示例如下。

人员:员工、学生、患者。

地点:商店、大楼。

对象:机器、产品和汽车。

图2-1 ER图中的实体符号示例

活动:销售、注册、续订。

有时人们会用实体指代具体的某个对象,而用实体集指代所有这类对象的集合。比如,存在一个学生实体张三,他的姓名属性是张三。张三属于学生实体集。在学生实体集中,每个实体都具有姓名属性。有时人们也笼统地用"实体"指代实体集和具体的某个实体,而不加以区分。图2-1显示了学生实体及其可能的属性,其中学号属性前的钥匙(Key)图标表示该属性是该实体的主键。

2. 分析关系

确定实体后,就需要分析实体之间的关系和关系类型。比如,教师实体和课程实体之间是有关系的。一般人们会用"张三老师教数据库课"这样的语言来描述两者之间的关系。从中可以提炼出:教师实体与课程实体是讲授和被讲授的关系。在明确两者的关系后,还需要进一步分析关系的类型。存在3种主要的关系类型,分别是一对一关系、一对多关系(也称多对一关系)和多对多关系。以教师和课程为例,一个教师可以讲授多门课,而一门课也可由多个教师同时讲授,所以教师和课程实体两者的关系类型是多对多关系。

下面分别对每类关系给出一个示例。

1)一对一关系类型

实体集 X 中的一个实体可以与实体集 Y 中的最多一个实体相关联,反之亦然。例如,一个学生有且只有一个餐卡,一个餐卡有且只有一个主人。所以,学生和餐卡实体集之间是一对一的关系类型。可以用图 2-2 中的画法表示,其中表示关系类型的是实体连线两端的符号,这里是两条短竖线。有时会用一个圆圈取代其中的一条短竖线,代表本侧实体是可选的,不是必须存在的。

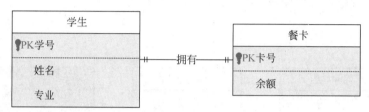

图 2-2　一对一关系类型的 ER 图画法示意图

2)一对多关系类型(多对一关系类型)

实体集 X 中的一个实体只能与实体集 Y 中的一个实体相关联,但实体集 Y 的一个实体却可以与多个 X 实体相联系。例如,一个学生只能属于一个班级,但一个班级可以包含多个学生。所以,学生和班级实体集之间是一对多的关系类型。同理,班级和学生实体集之间是多对一的关系类型。图 2-3 显示了这样的关系类型,其中表示关系类型的是实体连线两端的符号,这里在"一"的一侧用两条短竖线表示,"多"的一侧用 3 条交叉的短线和一条短竖线表示。有时会用一个圆圈取代其中的一条短竖线,代表本侧实体是可选的,不是必须存在的。

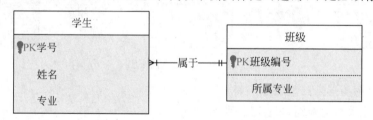

图 2-3　一对多关系类型的 ER 图画法示意图

3)多对多关系类型

实体集 X 中的一个实体可以与实体集 Y 中的多个实体相关联,反之亦然。例如,一位教师可以讲授多门课程,一门课程也可以由多位教师讲授。所以,教师和课程实体集之间就是多对多的关系类型。图 2-4 显示了这样的关系类型,其中表示关系类型的是实体连线两端的符号,这里两侧都是"多",都用 3 条交叉的短线和一条短竖线表示。有时会用一个圆圈取代其中的一条短竖线,代表本侧实体是可选的,不是必须存在的。

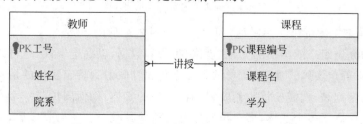

图 2-4　多对多关系类型的 ER 图画法示意图

3．ER 图分析示例

下面通过一个实体关系图示例来研究如何用 ER 图分析数据库设计问题。

> 在大学里,学生注册课程.学生必须被分配至少一门或多门课程.每门课程都由一位教授讲授.为了保持教学质量,一位教授只能讲授一门课程.

步骤 1）　实体标识,如图 2-5 所示。

有 3 个实体:

- 学生。
- 课程。
- 教授。

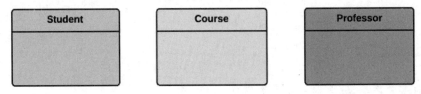

图 2-5　ER 图中的实体鉴别示意图

步骤 2）　关系识别,如图 2-6 所示。

有以下两种关系:

- 学生被分配了一门课程。
- 教授讲授课程。

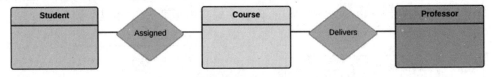

图 2-6　添加了关系的 ER 图

注意:这里用菱形来凸显关系名称。

步骤 3）　关系类型判别,如图 2-7 所示。

通过问题陈述,可以知道:

- 学生可以被分配多个课程。
- 教授只能讲授一门课程(这是一种简化的假设)。

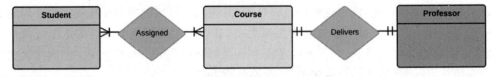

图 2-7　添加了关系类型的 ER 图

步骤 4）　确定实体所包含的属性,如表 2-2 和图 2-8 所示。

可以通过研究组织当前维护的文件、表格、报告和数据,以确定属性,还可以与各种利益相关者进行面谈,以确定实体。注意,重要的是在不将属性映射到特定实体的情况下识别属性。

一旦有了属性列表,就需要将它们映射到已标识的实体,确保属性与一个实体配对。如果认为一个属性应该属于多个实体,那么可使用修饰符使其唯一。映射完成后,标识主键。如果没有现成的唯一性的字段,则创建一个。

表 2-2 属性表

实　　体	主　　键	属　　性
Student	Student_ID	StudentName
Professor	Employee_ID	ProfessorName
Course	Course_ID	CourseName

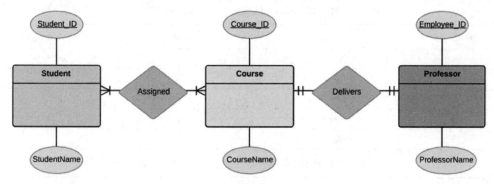

图 2-8 添加了实体属性的 ER 图

注意：这里用椭圆来表示属性，这也是一种常见的画法。

步骤 5） 创建更现代的 ER 图，如图 2-9 所示。在实体关系图示例更现代的表示中，不用菱形来表示关系，而用标记在连线上的文字来表示；不用椭圆表示属性，而用实体方框中的实体名下方的一行行文字来表示。这种画法更节省空间。

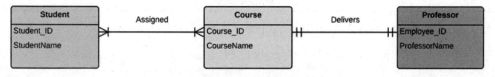

图 2-9 完整且常用的 ER 图画法示意图

在制作 ER 图时，应确保每个实体在 ER 图中只出现一次，并注意属性的类型是所选用的数据库系统所支持的，可以用颜色和下画线等方式突出 ER 图中的重要部分。

2.4 SQL 的基本使用方法

2.4.1 简单查询语句

从本小节开始，所有的语句都可以利用在线 SQL 编译环境来运行。这个在线 SQL 编译环境（网址详见前言二维码）是以教学为目的设置的，打开网站后会看到一个编辑框，可以输入 SQL 指令，单击 Run SQL 按钮就可以运行之前写好的 SQL 指令。该网站已经为用户准备了 3 个数据表，其结构和内容如表 2-3～表 2-5 所示，以供查询和编辑使用。其中，表 2-3 显示了数据表 Customers（客户信息）的结构和示例记录；表 2-4 显示了数据表 Orders（订单信息）的结构和示例记录；表 2-5 显示了数据表 Shippings（物流信息）的结构和示例记录。

表 2-3 数据表 Customers（客户信息）的结构和示例记录

customer_id	first_name	last_name	age	country
1	John	Doe	31	USA
2	Robert	Luna	22	USA

续表

customer_id	first_name	last_name	age	country
3	David	Robinson	22	UK
4	John	Reinhardt	25	UK
5	Betty	Doe	28	UAE

表 2-4　数据表 Orders（订单信息）的结构和示例记录

order_id	item	amount	customer_id
1	Keyboard	400	4
2	Mouse	300	4
3	Monitor	12 000	3
4	Keyboard	400	1
5	Mousepad	250	2

表 2-5　数据表 Shippings（物流信息）的结构和示例记录

shipping_id	status	customer
1	Pending	2
2	Pending	4
3	Delivered	3
4	Pending	5
5	Delivered	1

SELECT 语句用于从数据库表中选择（检索）数据，代码如下：

```
SELECT first_name, last_name
FROM Customers;
```

first_name	last_name
John	Doe
Robert	Luna
David	Robinson
John	Reinhardt
Betty	Doe

图 2-10　简单查询结果示例

这条 SQL 命令可以查询到所有客户的 first_name 和 last_name 字段信息，其运行结果如图 2-10 所示。

要从数据库表中选择所有列，使用 * 字符，代码如下：

```
SELECT *
FROM Customers;
```

这条语句会把 Customers 表中的所有行和所有列信息都返回。

若想对返回结果进行筛选，如只想搜索某人的信息，则可以用 WHERE 子句来实现。SELECT 语句可以有可选的 WHERE 子句。WHERE 子句允许从符合指定条件的数据库表中提取记录。例如：

```
SELECT *
FROM Customers
WHERE last_name = 'Doe';
```

这里，SQL 命令从 Customers 表中选择姓氏为 Doe 的所有客户信息，其运行结果如图 2-11 所示。

如果想查询所有的美国客户的信息，代码如下：

customer_id	first_name	last_name	age	country
1	John	Doe	31	USA
5	Betty	Doe	28	UAE

图 2-11 带约束条件的简单查询结果示例

```
SELECT age, country
FROM Customers
WHERE country = 'USA';
```

很简单,就是修改 WHERE 子句中的条件,而条件的写法也很直观,就是"字段名"="字段值",其中"="代表"相等"的意思。SQL 的表达能力很强,除表示相等的"="外,还有其他的比较操作符,具体可参考表 2-6。

表 2-6 SQL 中的比较操作符清单

比较操作符	功能描述	例子
=	相等	—
<	小于	—
>	大于	—
<=	小于或等于	—
>=	大于或等于	—
<>,! =	不相等	—
IN	匹配列表中的值	WHERE country IN ('USA','UK');
LIKE	用来获取与给定字符串模式匹配的结果集。通常用通配符来指定字符串模式。比如右侧示例中用通配符'%'表示任意长度和内容的字符串,该示例表示查询姓氏以 R 开头,后面跟着零个或多个字符的客户。除'%'之外,还有其他通配符	WHERE last_name LIKE 'R%';
BETWEEN	匹配范围内的值,若在范围内,则满足条件	WHERE amount BETWEEN 300 AND 500;
EXISTS	用来判断查询结果是否为空,如果不为空,就满足条件。右侧示例括号中是一个独立的 SELECT 语句,它返回的查询结果就是上文提到的查询结果	WHERE EXISTS(SELECT order_id FROM Orders WHERE Orders.customer_id = Customers.customer_id);
IS NULL	查找值为空(未赋值)的记录,若值为空,则满足条件	WHERE email IS NULL;
ALL	将第一个表的值与第二个表的所有值进行比较,若所有值都匹配,则返回该行。右侧示例括号中是一个独立的 SELECT 语句,它返回一个查询结果表,就是上文提到的第二个表	WHERE age > ALL(SELECT age FROM Students);
ANY	将第一个表的值与第二个表的所有值进行比较,若与任何值匹配,则返回该行。右侧示例括号中是一个独立的 SELECT 语句,它返回一个查询结果表,就是上文提到的第二个表	WHERE age = ANY(SELECT age FROM Students);

此外,还可以通过逻辑操作符把两个或多个条件连接起来组成比较复杂的查询条件。例如,AND 是表示"并且"意思的逻辑操作符。请看下面这条语句是什么意思:

```
SELECT *
FROM Customers
WHERE last_name = 'Doe' AND country = 'USA';
```

此 SQL 命令从 Customers 表中选择姓氏为 Doe、国家为 USA 的所有客户。它通过 AND 来表示有两个必须同时满足的查询条件。除 AND 外，还有其他的逻辑操作符，具体可参考表 2-7。

表 2-7 SQL 中的逻辑操作符清单

逻辑操作符	功 能 描 述	例　子
AND	表示逻辑"并"，它连接的两个条件必须都满足，数据才满足条件	WHERE country = 'USA' AND last_name = 'Doe';
OR	表示逻辑"或"，它连接的两个条件中只要有任意一个满足，数据就满足条件	WHERE country = 'USA' OR last_name = 'Doe';
NOT	若给定条件为 FALSE，则 NOT 操作符将选择数据。右侧例子将选出 country 字段值不是 USA 的数据	WHERE NOT country = 'USA';

2.4.2 对查询结果进行统计

对查询结果常见的统计包括求和、求平均值、计数以及求最大值和最小值。在 SQL 中，是通过对应的系统函数来实现上述统计的。系统函数是 SQL 内置的功能，可以通过特定的名字（函数名）来调用。例如，SUM() 和 AVG() 这两个函数用于计算数值列中的合计值和平均值。其中，SUM 是函数名，它后面跟着的括号代表有待定参数，对于 SUM 而言，就是要计算哪个字段的和，代码如下：

```
SELECT SUM(amount)
FROM Orders;
```

在这里，SQL 命令返回所有订单（因为没有 WHERE 条件筛选子语句）的金额（amount 字段）的和。一般来说，查询都是有条件的，比如要查找特定客户（id 为 4）的订单总额，可以使用下面的语句：

```
SELECT SUM(amount)
FROM Orders
WHERE customer_id = 4;
```

类似地，以下语句可以统计所有客户的平均年龄：

```
SELECT AVG(age) AS average_age
FROM Customers;
```

这里，AVG() 函数后面还多了一个 AS 子句，它的作用是为这个查询结果起个别名，让用户根据这个别名直观地理解这个结果的意义。比如这条语句的统计结果是 25.6，若没有用 AS 子句来给它起别名，则用户只能看到 25.6 这个数值，很不直观；而加了这条子句后，用户就能看到如图 2-12 所示的返回结果，更容易理解。

average_age
25.6

图 2-12 带别名的查询结果示例

求最小值和最大值时，分别使用 MIN() 和 MAX() 这两个函数，用法与 SUM() 函数和 AVG() 函数类似。比如查询客户的最

小年龄,可以用下面的语句:

```
SELECT MIN(age) AS min_age
FROM Customers;
```

MIN()、MAX()、SUM()和 AVG()这 4 个函数一般都是针对数值型字段的,即它们括号里面放的一般是数值型的字段名。而 COUNT()函数可以实现统计结果集中的行数,无论返回结果字段是什么类型的。比如下面的例子:

```
SELECT COUNT(country) AS customers_in_UK
FROM Customers
WHERE country = 'UK';
```

这里,SQL 命令返回国家为英国的客户数。这条语句可以简化为:

```
SELECT COUNT( * )
FROM Customers
WHERE country = 'UK';
```

因为用户关心的是满足条件的记录数,并不需要返回特定的字段内容,所以用 * 替代了前面的 country 字段。

2.4.3 对查询结果进行排序

在 SQL 中,可以通过 ORDER BY 子句按升序或降序对结果集排序,这条子句一般位于查询语句的后面,代码如下:

```
SELECT *
FROM Customers
ORDER BY first_name;
```

这里,SQL 命令选择所有客户,然后按 first_name 字段值的升序排序,其运行结果如图 2-13 所示。

customer_id	first_name	last_name	age	country
5	Betty	Doe	28	UAE
3	David	Robinson	22	UK
1	John	Doe	31	USA
4	John	Reinhardt	25	UK
2	Robert	Luna	22	USA

图 2-13 带结果排序的查询结果示例

可见查询结果是按照 first_name 字段的字母升序进行排列的。客户 id 为 5 的 Betty 由于 first_name 的首字符是 B,在英文字母表中排序靠前,因此这条记录也排在前面。

可以通过 ASC(升序,Ascending 的缩写)或 DESC(降序,Descending 的缩写)指定具体是升序还是降序。若没有指定,则默认是升序。代码如下:

```
SELECT *
FROM Customers
ORDER BY age DESC;
```

这里，SQL 命令选择所有客户，然后按年龄降序排序。

一般情况下，ORDER BY 后面跟一个字段名，即按照一个字段内容来对查询结果排序。但跟多个字段名也是可以的，此时，它由左向右，先按第一个字段排序，如果结果中有相同的值，无法确定先后顺序，那么再按第二个字段对无法确定先后顺序的记录进行排序，以此类推，代码如下：

```
SELECT *
FROM Customers
ORDER BY first_name,age;
```

这条语句的 ORDER BY 后面跟了两个字段名，其运行结果如图 2-14 所示。

customer_id	first_name	last_name	age	country
5	Betty	Doe	28	UAE
3	David	Robinson	22	UK
4	John	Reinhardt	25	UK
1	John	Doe	31	USA
2	Robert	Luna	22	USA

图 2-14 带两个排序字段的查询结果示例

这个结果与图 2-13 中的结果非常相似，差别在于 id 为 4 和 id 为 1 的客户的顺序发生了改变，因为他们的 first_name 是相同的，在只用 first_name 作为排序依据时，这两个客户是不能决定先后顺序的，只能默认根据第一个字段 id 的大小来排列；但当添加了第二个排序字段 age 时，就可以进一步根据年龄大小分出他们的先后顺序了。

2.4.4 连接查询

前面的示例基本都是针对单个表的简单查询。而关系数据库的特点就是有多个相互联系的表，我们需要的信息往往分散在多张表中，因此得把它们提取并整合起来才有用。要实现这个目标，通常用连接查询这个 SQL 的利器。这是 SQL 中比较灵活的内容，也是初学者的难点和重点。

连接查询的关键词是 JOIN。它的常规使用语法是：

左表 JOIN 右表 ON 左表某个字段 = 右表某个字段

若想查询每个客户的订单量，则需要返回客户的名字及其订单量这两条信息。但客户的名字存放在客户信息表（Customers）中，订单量存放在订单表（Orders）中。这是一个跨 2 个表的查询任务。但这 2 个表是有关系的，它们都有表示客户 ID 的 Customer_id 字段。因此，这两个表中的数据可以将客户 ID 这个信息关联和整合起来。JOIN 语句可以帮助实现关联和整合，具体代码如下：

```
SELECT Customers.first_name, Orders.amount
FROM Customers
JOIN Orders
ON Customers.customer_id = Orders.customer_id;
```

其中，SELECT 语句指定了要返回客户的 first_name 列（来自 Customers 表）和 amount 列（来自 Orders 表）。虽然返回的这两个字段是不同表的，但通过 JOIN…ON 明确指定左表和右表是有关系的，这两个表对应行的 customer_id 应该是匹配的。只有 customer_id 值相同的 first_name 才与对应的 amount 是属于同一个用户的信息,在查询结果中作为同一行输出。
可以通过为表起别名的方式将这条语句简化为:

```
SELECT C.first_name, O.amount
FROM Customers AS C
JOIN Orders AS O
ON C.customer_id = O.customer_id;
```

在这里,给 JOIN 左侧和右侧的表名添加别名,由于别名比原表名短很多,因此起到了简化书
写的作用。

在连接查询中,还可以在 JOIN 左侧添加修饰符来改变连接的方式。常见的修饰符包括
INNER、LEFT、RIGHT 和 FULL OUTER。下面分别来解释它们的作用。

1. 内连接(INNER JOIN)

INNER JOIN 和 JOIN 的作用一样,即基于一个公共列连接两个表,并选择在这些列中具
有匹配值的记录。除上面的例子外,还可以通过 WHERE 子语句实现对连接查询结果的过
滤,代码如下:

```
SELECT Customers.first_name, Orders.amount
FROM Customers
INNER JOIN Orders
ON Customers.customer_id = Orders.customer_id
WHERE Orders.amount >= 500;
```

其中,SQL 命令连接两个表并选择金额大于或等于 500 的行。

连接查询不限于只连接两个表,根据需要可以连接更多的表,只是写起来比较烦琐,需要
细心,代码如下:

```
SELECT C.customer_id, C.first_name, O.amount, S.status
FROM Customers AS C
INNER JOIN Orders AS O
ON C.customer_id = O.customer_id
INNER JOIN Shippings AS S
ON C.customer_id = S.customer_id;
```

在这里,SQL 命令根据 customer_id 连接 Customers 表和 Orders 表,并根据 customer_id 连接
Customers 表和 Status 表。命令返回在两个连接条件中列值都匹配的那些行,进而实现跨 3
个表的连接查询。

2. 左连接(LEFT JOIN)

LEFT JOIN 返回左表中的所有记录,以及右表中的匹配记录。若没有匹配项,则结果是
右侧有 0 条记录。在某些数据库中,左连接称为左外连接。其语法如下:

```
SELECT column_name(s)
FROM table1
LEFT JOIN table2
ON table1.column_name = table2.column_name;
```

比如下面这条语句:

```
SELECT Customers.first_name, Orders.amount
FROM Customers
LEFT JOIN Orders
ON Customers.customer_id = Orders.customer_id;
```

first_name	amount
John	
Robert	
David	500
John	
Betty	800

图 2-15　左连接查询结果示例

其查询结果如图 2-15 所示。

从图 2-15 中可见，左侧表 first_name 字段的所有行都输出了，而右侧表中只有满足匹配条件的 amount 字段的行被输出，不满足条件的行则为空。

基于上面的例子，可以针对查询结果中 amount 字段是否为空来找出从未有过订单的人。这就是左连接的可能用途。

```
SELECT Customers.customer_id, Customers.first_name
FROM Customers
LEFT JOIN Orders
ON Customers.customer_id = Orders.customer_id
WHERE amount is NULL;
```

其运行结果如图 2-16 所示，可发现客户 Betty 从未有过订单。

customer_id	first_name
5	Betty

图 2-16　左连接查询的应用示范结果

3. 右连接（RIGHT JOIN）

RIGHT JOIN 返回右表中的所有记录，以及左表中的匹配记录。若没有匹配项，则结果是左侧有 0 条记录。这与左连接很相似，区别在于左连接是保留左表中的所有记录，而右连接是保留右表中的所有记录。

其语法如下：

```
SELECT column_name(s)
FROM table1
RIGHT JOIN table2
ON table1.column_name = table2.column_name;
```

在某些数据库中，右连接称为右外连接。它的用法与左连接很接近，这里就不再举例了。

4. 全外连接（FULL OUTER JOIN）

该语句的作用是，当左侧表或右侧表中的记录存在匹配项时，FULL OUTER JOIN 关键字返回所有记录。提示：FULL OUTER JOIN 和 FULL JOIN 是相同的。

其语法如下：

```
SELECT column_name(s)
FROM table1
FULL OUTER JOIN table2
ON table1.column_name = table2.column_name
WHERE condition;
```

注意：FULL OUTER JOIN 可能会返回非常大的结果集，因为它会返回左表和右表对应记录的所有排列组合。与内连接和左外连接相比,全外连接查询的使用频率并不高。当需要查询两张表所有记录的可能配对情况时,可以使用它。

2.4.5　对数据库和数据表的创建和修改

1. 创建数据库

CREATE DATABASE 语句用于创建数据库表。例如:

```
CREATE DATABASE my_db;
```

这条 SQL 命令创建了一个名为 my_db 的数据库。

有时我们需要跨多个数据库工作,要在可用的数据库之间切换,可以运行以下语句:

```
USE my_db;
```

此代码选择 my_db 数据库,此后所有 SQL 操作都将在此数据库中执行。

2. 创建数据表

要创建数据库表,可以使用 CREATE TABLE 语句。例如:

```
CREATE TABLE Companies (
    id int,
    name varchar(50),
    address text,
    email varchar(50),
    phone varchar(10)
);
```

在这里,SQL 命令创建了一个名为 Companies 的数据表。该表包含的列(字段)有: id、name、address、email 和 phone。int、varchar(50)和 text 是数据类型,它们表示可以在该字段中存储哪些数据。不同的关系数据库具有大致相似的数据类型,但在名称上有一些差异。我们以华为 openGauss 数据库为例,列出一些常用的数据类型,如表 2-8～表 2-10 所示。

表 2-8　在华为 openGauss 数据库中表示数值的数据类型

数 据 类 型	描　　　述
SMALLINT	可以保存整数,范围是 $-32\,768$～$32\,767$
INTEGER	可以保存整数, 范围是 $-2\,147\,483\,648$～$2\,147\,483\,647$
BIGINT	可以保存整数,范围是 $-9\,223\,372\,036\,854\,775\,808$～$9\,223\,372\,036\,854\,775\,807$
DECIMAL	可以保存小数点前最多 $131\,072$ 位数字,小数点后最多 $16\,383$ 位数字

表 2-9　在华为 openGauss 数据库中表示字符的数据类型

数 据 类 型	描　　　述
CHAR(x)	可以保存长度固定为 x 字节的字符串
VARCHAR(x)	可以保存长度最多 x 字节的字符串
TEXT	可以保存无长度限制的文本

表 2-10 在华为 openGauss 数据库中表示日期和时间的数据类型

数 据 类 型	描　　　　述
TIMESTAMP	可以保存日期和时间
DATE	只能保存日期
TIME	只能保存时间

还可以使用 CREATE TABLE AS 命令使用来自任何其他现有表的记录创建一个表。例如：

```
CREATE TABLE USACustomers
AS (
  SELECT *
  FROM Customers
  WHERE country = 'USA'
);
```

在这里，SQL 命令创建一个名为 USACustomers 的表，并将嵌套查询的记录复制到新表中。

3. 删除数据库

DROP DATABASE 命令用于删除数据库管理系统中的数据库。例如：

```
DROP DATABASE my_db;
```

该 SQL 命令将删除名为 my_db 的数据库。

如果该命令运行出错，应检查数据库名是否写错，或者询问数据库管理员是否具有删除数据库的权限。

4. 删除数据表

DROP TABLE 命令用于删除数据库中的表。例如：

```
DROP TABLE my_table;
```

该 SQL 命令将删除一个名为 my_table 的表。注意：应确保拥有运行此命令的 admin 或 DROP 权限。

5. 更改表结构

可以使用 ALTER TABLE 命令更改表结构。通过这条命令还可以进行如下操作。

1）在表中添加列

可以使用带有 ADD 子句的 ALTER TABLE 命令在表中添加列。例如：

```
ALTER TABLE Customers
ADD phone varchar(10);
```

这里，SQL 命令在 Customers 表中添加了一个名为 phone 的列。

2）在表中添加多个列

可以在一个表中同时添加多个列，用英文圆括号把多个列信息包裹起来即可。例如：

```
ALTER TABLE Customers
ADD (phone varchar(10), age int);
```

这里,SQL 命令在 Customers 表中添加电话和年龄列。

3）重命名表中的列

可以使用带有 RENAME COLUMN 子句的 ALTER TABLE 命令重命名表中的列。例如:

```
ALTER TABLE Customers
RENAME COLUMN customer_id TO c_id;
```

这里,SQL 命令将 Customers 表中 customer_id 的列名更改为 c_id。

4）修改表中列的数据类型

可以使用带有 MODIFY 或 ALTER COLUMN 子句的 ALTER TABLE 命令更改列的数据类型。例如:

```
ALTER TABLE Customers
ALTER COLUMN age TYPE VARCHAR(2);
```

这里,SQL 命令将 Customers 表中 age 列的数据类型更改为 VARCHAR(2)。

5）删除列

可以使用带有 DROP 子句的 ALTER TABLE 命令删除表中的列。例如:

```
ALTER TABLE Customers
DROP COLUMN age;
```

这里,SQL 命令用于从 Customers 表中删除 age 列。

6）重命名表

可以使用带有 RENAME 子句的 ALTER TABLE 命令更改表的名称。例如:

```
ALTER TABLE Customers
RENAME TO newCustomers;
```

这里,SQL 命令将 Customers 表重命名为 newCustomers。

2.4.6 对数据库进行备份和还原

定期进行数据库备份非常重要,备份后即使数据库损坏,数据也不会丢失。在某些数据库（如 SQL Server)中,可以使用 BACKUP DATABASE 语句创建数据库备份。例如:

```
BACKUP DATABASE my_db
TO DISK = 'C:\my_db_backup.bak';
```

这里,SQL 命令在 C 驱动器中创建 my_db 数据库的备份文件,名为 my_db_backup. bak。对于数据库备份文件,使用. bak 文件扩展名是一种常见的惯例,但这不是强制性的。

1. 仅备份数据库中的新更改内容

在 SQL 中,还可以使用 WITH DIFFERENTIAL 命令仅备份数据库中新更改的内容。例如:

```
BACKUP DATABASE my_db
TO DISK = 'C:\my_db_backup.bak'
WITH DIFFERENTIAL;
```

这里,SQL 命令只将新的更改附加到以前的备份文件中。因此,此命令可能执行得更快。

2. 从备份还原数据库

要将备份文件还原到数据库管理系统,在某些数据库(如 SQL Server)中,我们可以使用 RESTORE DATABASE 语句。例如:

```
RESTORE DATABASE my_db
FROM DISK = 'C:\my_db_backup.bak';
```

这里,SQL 命令将用 my_db_backup.bak 这个备份文件还原名为 my_db 的数据库。

2.4.7　对数据进行增、删、改

1. 新增数据

在 SQL 中,INSERT INTO 语句用于在数据库表中插入新行,代码如下:

```
INSERT INTO Customers(customer_id, first_name, last_name, age, country)
VALUES
(5, 'Harry', 'Potter', 31, 'USA');
```

这里,SQL 命令在 Customers 表中插入具有给定值的新行。

2. 一次插入多行

可以一次向数据库表中插入多行,代码如下:

```
INSERT INTO Customers(first_name, last_name, age, country)
VALUES
('Harry', 'Potter', 31, 'USA'),
('Chris', 'Hemsworth', 43, 'USA'),
('Tom', 'Holland', 26, 'UK');
```

这里,SQL 命令向 Customers 表中插入 3 行,行与行之间用逗号分隔。

3. 删除数据

1) 删除单行数据

在 SQL 中,使用 DELETE 语句从数据库表中删除行,代码如下:

```
DELETE FROM Customers
WHERE customer_id = 5;
```

这里,SQL 命令将从 Customers 表中删除一行,其中 customer_id 为 5。

2) 删除多行数据

WHERE 子句用于确定要删除的行。但是,如果省略 WHERE 子句,可以一次性删除所有行,代码如下:

```
DELETE FROM Customers;
```

这里,SQL 命令从表中删除了所有行。

注意:使用 DELETE 时,若没有备份数据库,则记录可能会永久丢失。

TRUNCATE TABLE 子句是一次性删除表中所有行的另一种方法,代码如下:

```
TRUNCATE TABLE Customers;
```

这里,SQL 命令执行与上述命令完全相同的操作。注意:TRUNCATE 子句不支持 WHERE 子句。

4. 修改数据

1)更新某行数据中的单个值

UPDATE 语句用于编辑数据库表中的现有行。例如:

```
UPDATE Customers
SET first_name = 'Johnny'
WHERE customer_id = 1;
```

这里,如果 customer_id 等于 1,那么 SQL 命令会更改 first_name 列的值为 Johnny。

2)更新行中的多个值

可以一次更新一行中的多个值。例如:

```
UPDATE Customers
SET first_name = 'Johnny', last_name = 'Depp'
WHERE customer_id = 1;
```

这里,如果 customer_id 等于 1,那么 SQL 命令将 first_name 列的值更改为 Johnny,将 last_name 列的值更改为 Depp。

3)更新多行数据

UPDATE 语句可以一次更新多行。例如:

```
UPDATE Customers
SET country = 'NP'
WHERE age = 22;
```

这里,若年龄为 22,则 SQL 命令将国家列的值更改为 NP。若有多行年龄等于 22,则将编辑所有匹配的行。

4)更新所有行

通过省略 WHERE 子句,可以一次更新表中的所有行。例如:

```
UPDATE Customers
SET country = 'NP';
```

这里,SQL 命令将国家列的值更改为所有行的 NP。

注意:在使用 UPDATE 语句时,如果省略 WHERE 子句,那么所有行都将被更改,并且这种更改是不可逆的。

2.4.8 关系约束

在数据库表中,可以将规则添加到称为约束的列中。这些规则控制可以存储在列中的数

据。例如，如果列具有 NOT NULL 约束，则表示该列不能存储 NULL 值。表 2-11 显示了
SQL 中常见的约束类型。

表 2-11　SQL 中常见的约束类型

约　　束	描　　述
NOT NULL	非空约束，用于约束值不能为空
UNIQUE	唯一性约束，用于约束值不能与该列中已经存在的值相同
PRIMARY KEY	主键约束，用于唯一标识某一行数据
FOREIGN KEY	外键约束，用于关联另一张拥有相同信息列的表
CHECK	验证约束，用于对值的取值范围进行验证和约束
DEFAULT	指定默认值，如果用户在新增数据时没有给出该列的值，就使用该默认值

1. 非空约束

列中的 NOT NULL 约束意味着该列不能存储 NULL 值。例如：

```
CREATE TABLE Colleges (
  college_id INT NOT NULL,
  college_code VARCHAR(20) NOT NULL,
  college_name VARCHAR(50)
);
```

这里，Colleges 表的 college_id 和 college_code 列不允许存储 NULL 值。

2. 唯一性约束

列中的 UNIQUE 约束意味着该列必须具有唯一值。例如：

```
CREATE TABLE Colleges (
  college_id INT NOT NULL UNIQUE,
  college_code VARCHAR(20) UNIQUE,
  college_name VARCHAR(50)
);
```

这里，college_code 列的值必须是唯一的。类似地，college_id 的值必须是唯一的，并且不
能存储 NULL 值。

3. 主键约束

主键约束只是 NOT NULL 和 UNIQUE 约束的组合，这意味着列值用于唯一标识行。
例如：

```
CREATE TABLE Colleges (
  college_id INT PRIMARY KEY,
  college_code VARCHAR(20) NOT NULL,
  college_name VARCHAR(50)
);
```

这里，college_id 列的值是一行的唯一标识符。同样，它不能存储 NULL 值，必须是
UNIQUE。一个表中一般只有一个列作为主键，但也可以联合多个列作为主键。例如：

```
CREATE TABLE Colleges (
  college_id INT,
```

```
  college_code VARCHAR(20),
  college_name VARCHAR(50),
  CONSTRAINT CollegePK PRIMARY KEY (college_id, college_code)
);
```

这里,名为 CollegePK 的 PRIMARY KEY 约束由 college_id 和 college_code 列组成。这意味着,大学 id 和大学代码的组合必须是唯一的,而且这两列不能包含 NULL 值。

通常用能自动增长的整数类型作为主键。这种能自动增长的数据类型在不同的数据库中有不同的实现方式。下面以 openGauss 数据库中的实现为例:

```
-- SERIAL keyword auto increments the value
CREATE TABLE Colleges (
  college_id SERIAL,
  college_code VARCHAR(20) NOT NULL,
  college_name VARCHAR(50),
  CONSTRAINT CollegePK PRIMARY KEY (college_id)
);

-- inserting record without college_id
INSERT INTO Colleges(college_code, college_name)
VALUES ('ARD13', 'Star Public School');
```

这里我们创建了一张表,而且指定了一个能够自动增长的列 college_id 作为主键。openGauss 数据库中有一个特殊的数据结构标识 SERIAL,能够实现自动增长整数的效果。在添加数据时,无须为该列指定数据,数据库会根据已有的数据实现该列的自动增长,从而保证主键的唯一性和非空性约束。

4. 外键约束

列中的 FOREIGN KEY(某些数据库中的 REFERENCES)约束用于引用另一张表中存在的记录。例如:

```
CREATE TABLE Orders (
  order_id INT PRIMARY KEY,
  customer_id int REFERENCES Customers(id)
);
```

这里,customer_id 列引用了表 Customers 的 id 列。这意味着 Orders 表中 customer_id 的值必须是 Customers 表的 id 列中的值。

FOREIGN KEY 可以帮助我们规范化多张表中的数据,减少冗余。这意味着,一个数据库可以有多张相互关联的表。若两个数据库表通过一个字段(属性)相关联,则使用 FOREIGN KEY 可以确保没有在该字段中插入错误的数据。这有助于消除数据库级别的错误。一张表中可以有多个外键。

5. 验证约束

在 SQL 中,CHECK 约束用于指定必须验证才能将数据插入表的条件。例如:

```
CREATE TABLE Orders (
  order_id INT PRIMARY KEY,
  amount INT CHECK (amount > 0)
);
```

这里,amount 列有一个检查条件：大于 0。现在,让我们尝试将记录插入 Orders 表,来看这个约束能否起作用。

```
INSERT INTO Orders(amount) VALUES(100);
```

这条语句是可以生效的,但下面这条语句就会引发系统报错：

```
INSERT INTO Orders(amount) VALUES( - 5);
```

报错的原因是输入的 amount 值小于 0,违反了我们施加在 amount 列上的 CHECK 约束。

给已经存在的表添加约束,可以使用 ALTER TABLE 子句将约束添加到现有表中。例如：

```
ALTER TABLE Orders
ADD CHECK (amount > 0);
```

使用以下语句添加命名的 CHECK 约束。例如：

```
ALTER TABLE Orders
ADD CONSTRAINT amountCK CHECK (amount > 0);
```

通过命名,可以方便我们用 SQL 代码对某个约束进行编辑,比如下文提到的删除约束。

注意：如果我们试图将 CHECK 约束数量＞0 添加到一个已经有值小于 0 的列,那么将得到一个错误。

6. 默认值约束

DEFAULT 约束用于在创建表或修改表时为某一列指定一个默认值。当向该列插入数据时,如果没有指定具体的值,就会使用默认值。例如,在创建 Persons 表时,为 City 列指定一个默认值'Sandnes'。

```
CREATE TABLE Persons (
P_Id int NOT NULL,
LastName varchar(255) NOT NULL,
FirstName varchar(255),
Address varchar(255),
City varchar(255) DEFAULT 'Sandnes'
);
```

当向该列插入数据时,如果没有指定具体的值,就会使用默认值'Sandnes'。

7. 删除约束

可以使用 DROP 子句删除约束。例如：

```
ALTER TABLE colleges
DROP CONSTRAINT collegepk;
```

这里,删除了 colleges 表中的一个名为 collegepk 的约束。这里约束的名字就起到了作用。

2.5 本章习题

1. （判断题）在关系数据库中，数据表的行又被称为记录或元组。（　　）

2. （判断题）关系数据库管理系统（RDBMS）中包含数据库引擎。（　　）

3. （判断题）SQL 具有国际标准，各厂商都严格遵循该标准，最新的标准是 2016 年制定的。（　　）

4. （单选题）实体关系模型（ER 模型）中的 E 是指（　　）。
   A. Entity　　　　B. Encoding　　　　C. Entry　　　　　D. English

5. （单选题）SQL 中的（　　）关键词是针对数据修改的。
   A. SELECT　　　B. UPDATE　　　C. DELETE　　　D. INSERT

6. （单选题）SQL 中的（　　）子句是实现条件约束的。
   A. WHERE　　　B. ORDER BY　　C. GROUP BY　　D. JOIN ON

7. （单选题）SQL 中的（　　）约束可以实现对输入数据的值域校验。
   A. PRIMARY KEY　　　　　　　B. DEFAULT
   C. CHECK　　　　　　　　　　D. NOT NULL

8. （单选题）SQL 中的（　　）语句是用来修改表结构的。
   A. UPDATE　　　B. DROP　　　C. ALTER　　　D. MODIFY

9. （简答题）请简述左连接查询的应用场景。

10. （简答题）请简述采用 ER 图进行数据库设计的一般步骤和注意事项。

第 **3** 章

关系数据库的管理和查询

　　openGauss 是一个开源关系数据库管理系统,与 Mulan PSL v2 一起发布,内核基于华为在数据库领域多年的经验,并持续提供针对企业级场景定制的竞争功能。

　　目前 openGauss 支持的运行平台是 Linux 系统,而读者自己的计算机一般安装的是 Windows 或者 macOS 系统。要学习 openGauss,最简单的方法是在本机上通过 Docker 这个虚拟平台来运行它,也可以通过申请一个云主机的方式在云端 Linux 主机上运行它。本章首先简单介绍 Docker 这个虚拟平台的作用和基本使用方法,然后分别讲解在本机和云主机上如何安装和配置 openGauss 数据库。

3.1　关系数据库 openGauss 的安装和配置方法

3.1.1　Docker 平台简介

　　Docker 平台能方便开发者进行跨平台的应用程序开发和部署,它可以解决 Windows 平台上的开发者想使用 openGauss 数据库的问题。openGauss 目前不支持 Windows 操作系统,只能运行在 Linux 操作系统上。此时,通过 Docker 的轻量化虚拟功能,我们能够在 Windows 操作系统中创建一个微型的 Linux 容器,它很小,对系统的开销占用很小,但可以让 openGauss 运行。一旦我们让 openGauss 运行在这个 Linux 容器中,就可以在本地通过容器的开放端口来访问和操作 openGauss 数据库。与传统的虚拟机技术相比,Docker 的容器技术更加轻量化,对系统资源的占用更少,运行速度一般也更快,其应用不限于数据库方面的开发,也正广泛地应用在各类应用程序的开发和部署上。Docker 的好处是多方面的,本书限于篇幅,就不展开讲述了。

　　Docker 中的核心概念是镜像和容器。镜像可以被类比为安装程序,容器可以被类比为安装好并可以随时启动运行的程序。Docker 平台有一个镜像在线商城,我们可以从该商城下载需要的镜像,安装该镜像后,容器就形成了。容器可以随时被启动运行,也可以随时被停止。容器就是一个包含运行时环境的大型程序,我们即将使用的 openGauss 数据库就将运行在这样的容器中。

3.1.2　Docker 的安装方法

1. 在 Linux 平台的安装方法

　　Docker 在 Linux 平台上的安装非常简单,一般通过一条命令就可以安装。以 Ubuntu

Linux 20.04 系统为例：

```
sudo snap install docker
```

通过该命令，就可以在线安装 Docker 平台。等待下载并安装后，应该可以看到"安装成功"字样的提示。运行下面的命令，查看所安装的 Docker 版本。

```
Docker -- version
```

笔者在写作的时候其版本为 Docker version 20.10.17。

2. 在 Windows 平台的安装方法

读者可以在 Docker 官方网站（网址详见前言二维码）下载新的 Docker Desktop 安装程序。下载完毕后，双击安装程序进行安装，建议以默认选项进行安装。如果没有遇到错误，则可以运行安装好的 Docker Desktop 程序 🔗 Docker Desktop。双击该图标启动 Docker Desktop 程序后，会发现在任务栏右下角多出了一个图标 🐳，右击该图标，会弹出一个菜单，如图 3-1 所示。

如果能够在菜单最上方看到图 3-1 中的 Docker Desktop is running 字样，则说明安装成功了，否则系统会给出错误提示，请按照具体提示内容进行操作。一般的错误与 Windows 操作系统缺少某些必要的系统组件有关，如 WSL2 组件。用户可以在出错提示中找到相关链接，以了解具体的解决办法。这里就不再赘述了。

图 3-1 Docker 的系统菜单截图

安装成功后，系统会弹出一个窗口，即 Docker Desktop 窗口，如图 3-2 所示。

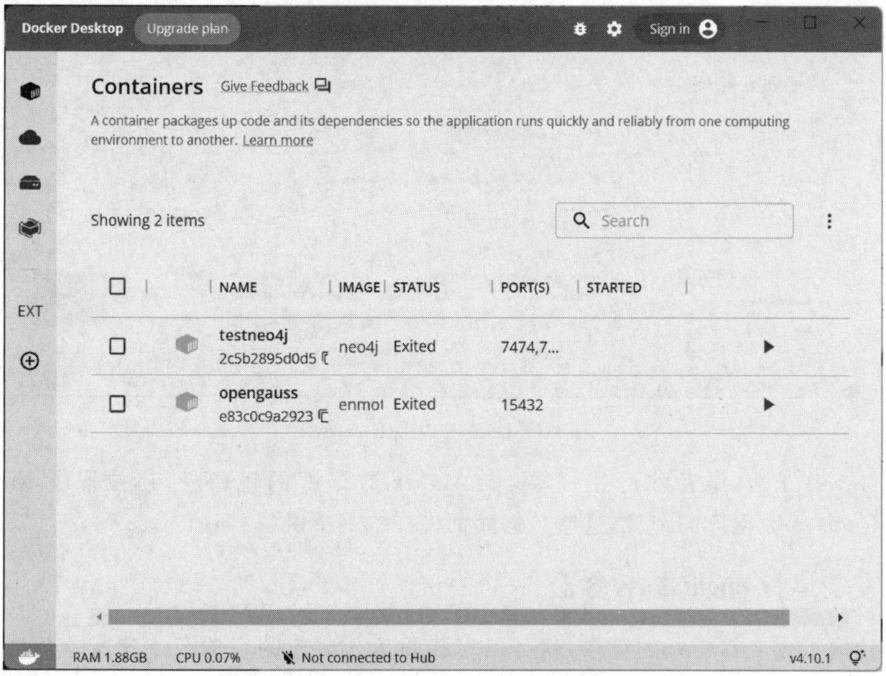

图 3-2 Docker Desktop 窗口截图

图 3-2 显示已经安装了两个容器，一个容器的名字中有 opengauss 字样，另一个容器的名字中有 neo4j 字样。这是本书将会讲解的两个数据库。对于新安装 Docker Desktop 的用户而言，这个窗口中的容器列表应该是空的。

3.1.3　在 Docker 中拉取 openGauss 数据库镜像

在笔者写作时，华为公司并没有给 openGauss 发布官方的镜像，但由于 openGauss 是开源的，因此相关企业制作了比较好的镜像。我们可以从 Docker 平台下载这个镜像。镜像的下载又常被称为"拉取"，后面我们一般用拉取这个词。

如果是在 Linux 操作系统中，那么只需在命令行中运行下面的语句就可以了：

```
docker pull enmotech/opengauss:latest
```

其中，pull 的意思是拉取镜像，后面的字符串"enmotech/opengauss"是这个镜像的名字，":latest"的意思是拉取新版本的镜像。

如果是在 Windows 操作系统中，用户可以仿照上面的方法，打开一个命令行窗口，输入同样的语句就可以了。如果没有显示出错提示，则可以打开 Docker Desktop 窗口，切换到 Images（镜像）标签页（单击窗口左侧代表镜像的图标 🐳 Images），此时可以看到拉取的镜像显示在列表中，如图 3-3 所示。

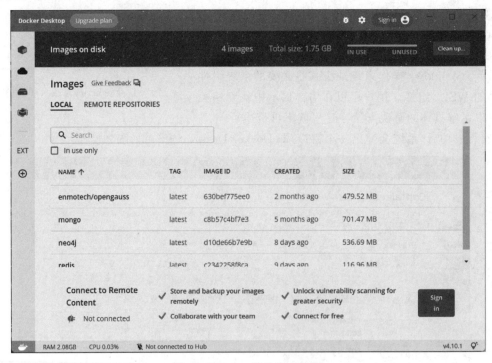

图 3-3　Docker 镜像列表截图

从图 3-3 中可见，作者除已经拉取 openGauss 数据库的镜像外，还拉取了 MongoDB、Neo4j 和 Redis 等数据库的镜像，这些数据库都将在本书中讲解。

3.1.4　安装运行 openGauss 容器

一旦拉取了 openGauss 的镜像，就可以安装并运行对应的容器了。容器一旦被启动，我们就可以操作 openGauss 的数据库系统来练习关系数据库的使用了。

在 Linux 操作系统中，可以在命令行输入下面的语句：

```
docker run -- name opengauss -- privileged = true - d - p 15432:5432 enmotech/opengauss:latest
```

其中，docker run 是指要安装并启动运行一个容器。"--name opengauss"是指容器的名字是 opengauss。必须给容器起个名字，以便对这个容器进行启停操作。"--privileged＝true -d"是与容器的运行权限有关的参数，暂时不需要理解，照着写就行。"-p 15432:5432"用于指定这个容器在运行时内部和外部通信的端口，其中 5432 是容器内部的通信端口，15432 是这个容器对外的通信端口。这个容器就像一个独立运行的虚拟主机，运行在这个主机内部的程序，都通过 5432 这个内部端口发送信息；而运行在容器外面的程序，如以后要在 Windows 平台上开发的 Python 程序，就得通过 15432 这个外部端口来跟容器内部的程序（比如 openGauss）通信。"enmotech/opengauss:latest"表示要安装并运行的容器名称。

如果这条命令没有返回出错信息，那么恭喜你，你的 openGauss 数据库容器已经在运行了，在这个容器中有一个微型的 Linux 系统，里面安装并运行着 openGauss 和它所需的所有依赖软件。可以通过编程的方法，通过 15432 这个外部端口来访问容器中的 openGauss 数据库（见3.4 节），也可以通过带有图形界面的专用软件来访问容器中的 openGauss 数据库（见 3.3 节）。

在 Windows 操作系统中，也可以仿照上面的做法，打开一个命令行窗口，输入上面的指令。如果指令运行成功，可以打开 Docker Desktop 窗口，切换到 Containers（容器）标签页（单击窗口左侧代表容器的图标 ⬡ Containers），此时可以看到安装的容器显示在列表中，如图 3-4 所示。

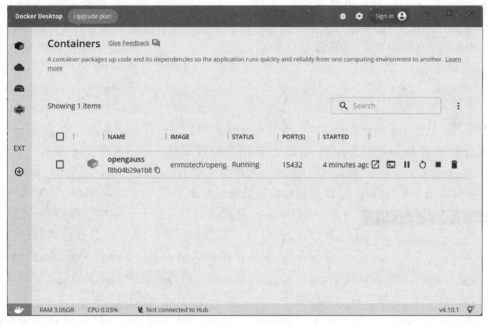

图 3-4　Docker 中的容器列表截图

图 3-4 中显示了一个名为 opengauss 的容器，状态是 Running，对外端口是 15432。这说明该容器已经成功运行了。

可以随时关闭容器的运行，方法是单击容器列表项右侧的关闭按钮 ▪。如果要再次启动容器，则单击容器列表项右侧的运行按钮 ▶。这个运行按钮在容器关闭状态时会显示出来。

除通过图形界面的方式外，还可以通过命令行方式来启动和关闭容器。比如启动一个已

经安装好的容器,方法如下:

```
docker start opengauss
```

这条语句启动了一个安装好的名为 opengauss 的容器。如果要关闭一个运行中的容器,方法如下:

```
docker stop opengauss
```

这条语句关闭了一个正在运行的名为 opengauss 的容器。

3.2　关系数据库 openGauss 的基本设置

虽然通过前面的操作,该容器已经在运行了,但里面运行的只是一个 openGauss 管理程序。由于 openGauss 默认的权限限制,目前无法从容器外部通过编程方式或者图形化程序来访问 openGauss 数据库。

在开启关系数据库之旅前,必须花点时间熟悉 openGauss 的基本操作,包括创建用户、分配权限、显示现有数据库、显示用户权限等。这些基本操作需要以命令行方式运行,所以无论是在 Linux 还是在 Windows 平台上,做法是类似的。

3.2.1　进入容器内部

要想对 openGauss 数据库进行配置,必须先进入容器内部,可以用命令行方式,如果是在 Windows 操作系统中,也可以用图形界面的方式。首先来看如何用命令行的方式进入一个正在运行中的容器(确保要进入的容器已经启动运行了),方法是在命令行窗口中输入这条 Docker 语句:

```
docker exec - it opengauss bash
```

其中,docker exec 的意思是进入一个运行中的容器;“-it”的意思是进入容器后开启一个交互式的会话环境,以便通过输入命令来配置程序;opengauss 是指要进入一个名为 opengauss 的容器;bash 也是必须写的参数,具体意思暂不必深究。

如果这条语句运行成功,可以看到命令行的提示符改变了,会呈现类似图 3-5 的形式。

`root@f8b04b29a1b8:/#`　　　　其中,root 是指在这个基于 Linux 的容器内部,当前的用户名是 root;“@”符号后面的一串字符是当前容器中虚拟主
图 3-5　Docker 容器命令行截图　机的名字,基本不用这个名字;“#”字符后面就是闪烁的光
标,等待输入命令,以便在容器中运行。这说明已经进入容器内部的 Linux 环境了。如果想退出容器,则可在“#”字符后输入 exit 命令。

如果是在 Windows 操作系统下运行 Docker 的,也可以通过 Docker Desktop 窗口程序进入容器。方法是在容器标签页中,在一个已经运行的容器右侧寻找一个按钮 ▣,单击这个按钮,系统就会弹出一个命令行窗口,并自动进入容器,而且可以看到“#”提示符,等待输入指令。

3.2.2　登录 openGauss 数据库

在这个包含 openGauss 的容器内部,运行着一个微型的 Linux 操作系统,这个操作系统已

经内置了一个管理员用户 root,还内置了一个专门用于操作 openGauss 的用户 omm。首先用一条 Linux 命令从默认的 root 用户切换到这个 omm 用户,以便以 omm 的身份进行后续的 openGauss 操作。切换到 omm 用户的方法如下:

```
su - omm
```

注意:"-"左侧和右侧各有一个空格。

一旦切换成功,会看到 Linux 的命令行提示符变成类似图 3-6 的样子。

```
omm@f8b04b29a1b8:~$
```

图 3-6 Docker 容器中的数据库命令行截图

其中,omm 代表现在的身份是 omm 这个用户;"@"后面的字符串代表主机名;"$"是新的命令提示字符,可以在这个字符后面输入命令。

一旦切换到 omm 这个用户,就做好了访问 openGauss 数据库的准备了。

openGauss 为用户提供了一个名为 gsql 的数据库管理程序。通过它,可以在 Linux 环境中查看现有的 openGauss 数据库列表,并且选择登录特定的数据库。要列出现有的数据库,只需要在命令行中输入这样的语句:

```
gsql -p 5432 -l
```

其中,gsql 是数据库管理程序的名字;"-p"的意思是查找在容器内部 5432 这个端口上提供服务的数据库,这个端口正是在启动容器时的命令中指定的容器内部端口(详见 3.1.4 节);"-l"是指列出现有数据库。

这个语句的运行结果如图 3-7 所示。

```
                         List of databases
   Name    | Owner | Encoding | Collate | Ctype | Access privileges
-----------+-------+----------+---------+-------+-------------------
 omm       | omm   | UTF8     | C       | C     |
 postgres  | omm   | UTF8     | C       | C     |
 template0 | omm   | UTF8     | C       | C     | =c/omm          +
           |       |          |         |       | omm=CTc/omm
 template1 | omm   | UTF8     | C       | C     | =c/omm          +
           |       |          |         |       | omm=CTc/omm
(4 rows)
```

图 3-7 openGauss 数据库列表截图

可见,这个镜像的提供商已经内置了 4 个数据库 omm、postgres、template0 和 template1。其中,postgres 这个数据库是一个默认数据库,无须用户名和密码就可以登录,适合我们进行学习和演练。所以,后面我们将登录这个数据库,并在这个数据库中进行关系数据库的学习。至于这个数据库的名字 postgres,恰好是著名的开源数据库 PostgreSQL 的名字,华为的 openGauss 就是脱胎于 PostgreSQL,这里也显示出华为向前辈致敬的意思。

一旦查到了现有数据库,而且明确要登录 postgres 这个数据库,就可以继续用 gsql 这个数据库管理程序来实现数据库登录。方法是:

```
gsql -d 数据库名 -p 端口号 -U 用户名 -W 密码 -r
```

这里给出了登录数据库的语法,其中 gsql 是数据库管理程序的名字,后面有多个参数,分别指定了数据库名、端口号、用户名和密码。由于 postgres 这个默认数据库不需要用户名和密码就可以登录,因此可以用下面的简化方式实现登录:

```
gsql − d postgres − p 5432
```

一旦登录成功,会发现命令行提示符变为类似下面的样子:

```
openGauss = ♯
```

这说明已经登录 openGauss 数据库了,后面就可以通过 SQL 和一些专用指令对数据库进行管理操作了。

3.2.3　对数据库进行基本的用户和权限编辑

在登录数据库后,在提示符"openGauss＝♯"后面输入的所有 SQL 指令都需要以英文的分号";"结尾,否则指令不会被运行。

当用前面的方法登录数据库后,默认的登录角色是 omm。这个角色的权限是很大的。到底它有什么权限,除 omm 外,这个数据库还有哪些可登录的用户? 这可以通过一条简单的专用指令来查询,方法是在命令提示符后面输入:

```
\du
```

这个专用查询指令会返回数据库的用户清单和每个用户的权限,如图 3-8 所示。

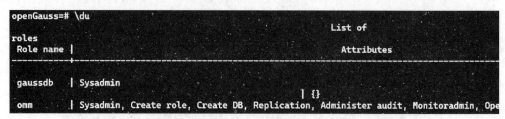

图 3-8　openGauss 数据库用户列表截图

从图 3-8 中可见,omm 这个角色的权限很大,比如具有系统管理员（sysadmin）权限,可以创建新的角色（create role）、创建数据库（create DB）等。正是由于它的权限太大,因此只适合用来对数据库进行管理,而非进行日常的数据操作。如果想用 omm 这个用户对 openGauss 数据库进行远程访问,比如通过容器外部的 Python 程序或者可视化管理工具来访问,那么是比较困难的,因为系统对远程使用这个 omm 用户进行了限制。为了方便读者后续的学习,建议创建一个新用户。

1. 创建新用户

可以用以下语句创建新用户:

```
create user 用户名 password "密码";
```

其中,create user 的意思是创建用户。用户名一般是字母开头的字符串,password 后面跟着的是带英文双引号的密码。注意:密码必须是 8 位的（包括大小写字母和数字）,而且这个英文双引号是不能缺少的,语句后面的英文分号也是不可缺少的。

可以仿照这个语法创建一个名为 stud 的新用户,其密码为"Study@2023"。

```
create user stud password "Study@2023";
```

2. 赋予这个用户充分的权力

今后将使用这个新创建的用户从容器外部访问 openGauss 数据库,并进行诸如创建表、删除表、新增和查询数据等操作,因此需要的权限还是比较多的。需要给这个新用户添加访问默认表空间 pg_default 的权限,由于所有的数据表都要依附在某个表空间中,因此,如果没有这个权限,就无法建表。进行权限分配的方法如下:

```
grant create on tablespace pg_default to stud;
```

该语句是把在表空间 pg_default 的创建操作的权限赋给用户 stud。一旦拥有这个权限,用户 stud 就可以在数据库中创建表、删除表,建立视图,建立存储过程了。

3.3　基于图形化的关系数据库管理工具的使用

视频讲解

openGauss 数据库提供了官方支持的图形化的数据库管理工具 Data Studio,它可以让用户在 Windows 操作系统中,以直观的方式来访问运行在远程主机或容器中的 openGauss 数据库,可以通过 Data Studio 运行各种 SQL 语句来实现对数据库的操作。下面以 Windows 11 操作系统为例来介绍 Data Studio 的安装和使用方法。

3.3.1　配置运行环境

图形化的数据库管理工具 Data Studio 是基于 Java 语言的,所以需要先安装 Java 语言的开发环境 JDK(Java Development Kit)。首先在 Java 的官方网站下载新的 JDK 安装包。在笔者写作的时候,Java 语言是归属 Oracle 公司所有的,其开发环境 JDK 的新版本是 20,其下载链接详见前言二维码。

下载 x64 MSI Installer,即 64 位版的安装程序,如图 3-9 所示。

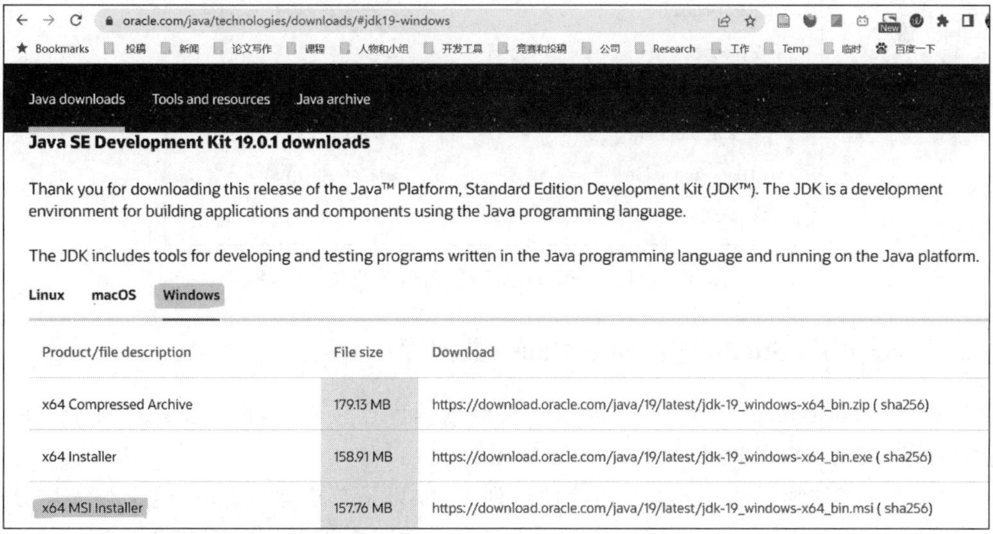

图 3-9　JDK 下载官方网站截图

下载后运行这个安装程序,建议按照默认的选项进行安装。

完成 JDK 的安装后,就可以下载 Data Studio 了,请到 openGauss 的官方网站下载(详见前言二维码）。

在笔者写作本书的时候，其新版本是 3.1.0，如图 3-10 所示。

图 3-10 Data Studio 下载官方网站截图

单击其中的下载链接，就可以得到一个 ZIP 压缩包，名为 DataStudio_win_64.zip。将这个压缩包解压缩，在其中可以看到可执行文件 Data Studio.exe，如图 3-11 所示。双击它就可以启动 Data Studio。

名称	修改日期	类型
tools	2022/3/31 21:16	文件
UserData	2022/5/14 10:33	文件
artifacts.xml	2022/3/31 21:17	XM
changelog.txt	2022/3/31 21:16	Text
Data Studio.exe	2022/3/31 21:16	应用
Data Studio.ini	2022/3/31 21:17	Con
Data Studioc.exe	2022/3/31 21:16	应用
openGauss Data Studio授权协议.docx	2022/3/31 21:17	Mic

此电脑 > DATA (D:) > Downloads > DataStudio_win_64 > Data Studio

图 3-11 Data Studio 安装压缩包中的文件内容

3.3.2 通过 Data Studio 连接 openGauss 数据库

双击 Data Studio.exe 如果一切正常，会看到数据库连接界面，询问要连接哪个主机中的哪个数据库，以及用户名和密码，如图 3-12 所示。

图 3-12 左侧是曾用过的数据库连接信息列表，如果是首次运行，那么这个列表应该是空的。图 3-12 右侧是新连接的必填信息。假设已经在本机上按照 3.1 节和 3.2 节的叙述安装了基于 Docker 的 openGauss 数据库，并且设置了用户 stud。那么就可以把相关信息填写到右侧的文本框中。具体填写方法如图 3-13 所示。

其中，"名称"是给这个连接起的名字，因为这是连接本地的一个数据库，所以笔者起名为

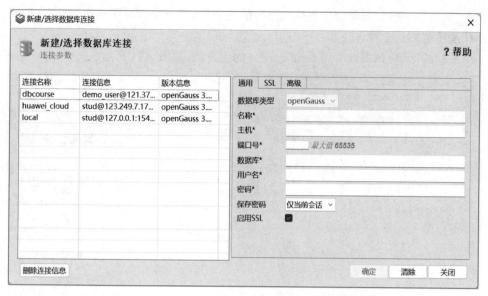

图 3-12 Data Studio 的"新建/选择数据库连接"界面

图 3-13 在 Data Studio 中输入 openGauss 连接信息

local。"主机"是数据库所在主机的 IP 地址,因为使用的是连接本机,所以使用本机的默认 IP 地址 127.0.0.1。"端口号"是指数据库对外的服务端口,在 3.1.4 节中设置其对外端口是 15432,所以就填这个数值。"数据库"是指要连接的具体数据库的名字,因为 openGauss 系统中可以有多个数据库,根据 3.2.2 节中的叙述,知道要连接的数据库名字是 postgres,所以这里就填它。"用户名"就是在 3.2.3 节中新建的用户 stud。"密码"就是在 3.2.3 节中创建新用户时设置的密码,如果当时是按照书中操作的话,应该是 Study@2023。将"保存密码"设置为"仅当前会话",作用是在 Data Studio 没关闭之前,一直记住这个登录密码。当长时间没有操作,导致与数据库的连接断开时,一旦用户恢复操作,Data Studio 能够记住这个密码实现自动重新连接。"启用 SSL"这个复选框被取消勾选了,原因是此处仅以学习为目的,不需要 SSL 这样的通信保密措施,这些措施会增加配置数据库的难度,将来要部署实际的数据库系统时,可以启用该选项,但这超出了本书的范畴。

单击"确定"按钮后,可能会看到系统弹出的警告框,提示没有启用 SSL,有安全隐患。单击"继续"按钮忽略这个警告。

一切顺利的话,应该可以看到 Data Studio 的主界面,如图 3-14 所示。

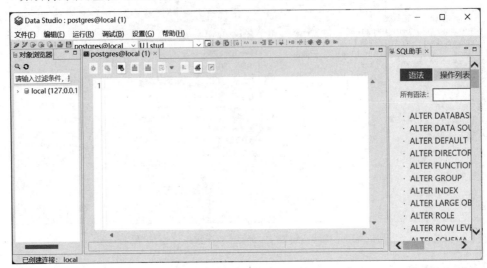

图 3-14　连接数据库成功后的 Data Studio 的主界面

其中,界面上方是菜单和工具栏区;左侧是"对象浏览器"面板;中间是输入 SQL 指令的面板;右侧是"SQL 助手",会呈现一些有关 SQL 语句的帮助信息。

目前,"对象浏览器"中只有一个项目 local(127.0.0.1),表示名字是 local 的数据库连接,连接的主机 IP 是 127.0.0.1,这与在前文中的连接设置是一致的。双击它,或者单击它左侧的 ⟩ 符号,即可展开这个数据库连接的细节,将会看到一个树状结构,如图 3-15 所示。

双击"数据库(2)"或者单击其左侧的 ⟩ 符号,以便展开数据库的细节信息,如图 3-16 所示。

可以看到有两个数据库,分别是 omm 和 postgres。前者有个红色的 ✖ 图标,意思是无法访问这个数据库,而在 postgres 前面有个绿色的对号图标,意思是可以访问。这是对的,因为这个 stud 用户是在 postgres 数据库中创建的(见 3.2.3 节),当然只能访问这个数据库。

双击 postgres 选项,或者单击其左侧的 ⟩ 符号,以便展开其细节信息,如图 3-17 所示。

图 3-15　"对象浏览器"列表　　图 3-16　展开后的数据库列表　　图 3-17　查看数据库的信息

在 postgres 数据库下面有两种模式,分别是系统模式和用户模式。所谓模式,可以理解为目录,一个数据库可以有很多目录。因为每个数据库可以有多个用户,每个用户最好在属于自己的目录中工作,创建属于自己的表,存储自己的数据,这样多个用户可以使用同一个数据库,而不必担心互相影响。

现在以 stud 用户的身份登录数据库,所以此时的模式是"用户模式"。双击"用户模式"选项,或者单击其左侧的 > 符号,以便展开其细节信息,如图 3-18 所示。

可以看到,在用户模式下有 public 和 stud 两个具体的用户模式,此处选择 stud 模式。stud 字样旁边的(0)是指当前这个模式下还没有任何表,创建新表后,这个括号中的数字就会更新了。

双击 stud 选项,或者单击其左侧的 > 符号,以便展开其细节信息,如图 3-19 所示。

图 3-18　数据库的用户模式

图 3-19　数据库详情列表

在 stud 这个用户模式下有很多子项目,每个子项目的左边都有 > 符号,说明它们都是目录,都可能还有子项目,可以继续展开。

现在已经完成了通过 Data Studio 连接 openGauss 数据库的任务,下面就可以通过 SQL 指令来操作数据库了。

3.3.3　通过 Data Studio 和 SQL 语句操作 openGauss 数据库

在 Data Studio 中输入和运行 SQL 语句是很直观和简单的。首先,在位于主窗体中央的编辑窗口中输入一条 SQL 语句,如图 3-20 所示。

刚刚输入的 SQL 指令是以 CREATE TABLE 开始的,你还记得是什么作用吗?顾名思义,这是创建表的语句。如果记不清了,可以查看本书的 2.4.5 节。具体而言,这条语句的作用是:创建一个名为 Companies 的数据表。该表包含的列(字段)有 id、name、address、email 和 phone。int、varchar(50)和 text 是数据类型,它们表示可以在该字段中存储哪些数据。

此时,观察到左侧"对象浏览器"窗口中 stud 下方有"普通表(0)",意思是此时还没有表。如果成功运行了这条语句,括号中的数字应该会变成1。此外,在右侧的"SQL 助手"面板中可以看到已经自动出现了 CREATE TABLE 字样,以及对这条 SQL 语句的帮助信息,这体现了 Data Studio 试图给开发者提供主动的帮助。

写完 SQL 语句后,怎么让它运行呢?别急,请仔细看代码编辑窗口上方是不是有一串小按钮,单击最左边的按钮 就可以执行当前 SQL 指令,并在当前编辑窗口显示运行结果;单击第二个按钮 可以弹出一个新窗口来执行当前 SQL 指令,并在新的编辑窗口中显示运行

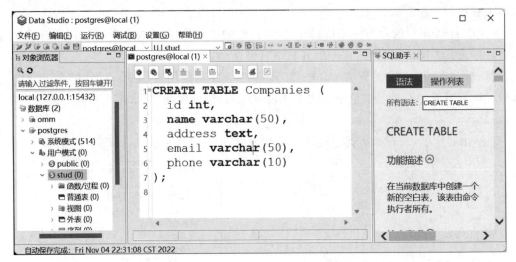

图 3-20　Data Studio 中的 SQL 语句编辑窗体

结果；单击第三个按钮可以弹出一个窗体显示已经运行过的 SQL 命令的历史记录。对于开发者而言，第一个按钮是最常用的。下面单击它，看看会不会新建一个表。如果顺利，单击第一个按钮，这条 SQL 语句就会被运行，给数据库创建一个新的表，如图 3-21 所示。

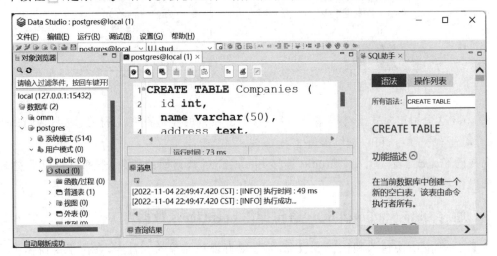

图 3-21　Data Studio 中运行 SQL 语句后的消息窗体

从图 3-21 中可以看出，在 SQL 编辑框下方出现了一个"消息"面板，里面显示了"执行成功"字样；在左侧的"对象浏览器"面板的 stud 下方，"普通表"右侧的括号里，原本的数字 0 已经变成了 1，这说明新表已经被成功创建。

此时，美中不足的是"对象浏览器"面板中用户模式 stud 右边的括号中的数字还是 0。按照前面的说法，此时 stud 模式下已经有了数据表，就不应该是 0 了，这是什么原因呢？

不要急，因为 Data Studio 还没来得及更新所有的界面信息，如果你想让它花点时间彻底更新界面信息，很简单，只需要单击"对象浏览器"面板上方的刷新图标，就是图中放大镜右侧的循环状的箭头。单击刷新图标后，就应该看到界面刷新的动作，并且看到更新后的界面，如图 3-22 所示。

从图 3-22 中可以看出，"对象浏览器"面板中的"用户模式"和 stud 字样后面的括号中，数字都从 0 变为 1 了。随着今后对数据库的扩充操作，这个数字还会不断增长。

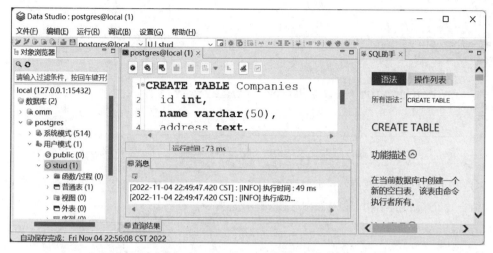

图 3-22　Data Studio 中刷新后的界面

双击"对象浏览器"面板中用户模式 stud 下方的"普通表",或者单击它左侧的 › 符号,会看到其中具体包含哪些表格,如图 3-23 所示。

可见目前只有一个普通表,名字是 companies。细心的同学可能会发现在 SQL 语句中写的是首字母大写的 Companies,但在普通表列表中却显示的是首字母小写的 companies。这是因为 SQL 对于语法关键字和表名是不区分大小写的,因此两者对于数据库而言是一样的。

在"对象浏览器"面板中继续展开普通表下的 companies 表,展开的方式是双击companies,或者单击其左侧的 › 符号。表的内部结构如图 3-24 所示。

可见,表中包括 3 类主要的结构信息,分别是列、约束和索引。刚才的 SQL 语句中只是指定了新表的列,并没有指定任何约束和索引信息,因此只能继续展开"列"这个项目,会看到在列中包含的具体信息,如图 3-25 所示。

图 3-23　表格列表

图 3-24　表格详情

图 3-25　"列"清单

图 3-25 中显示了 address、email、id、name 和 phone 这 5 个列(字段),这与前面的 SQL 语句的内容是一致的,只是它是按照列名的首字符排序显示的,因此先后顺序与在 SQL 语句中的不太相同,但这对于表结构和存放数据而言是没有关系的。

现在,尝试再运行一条 SQL 指令,给这个表添加一个主键约束。首先,选中并删除 SQL编辑框中现有的指令,然后输入如图 3-26 所示的新指令。

单击"运行"按钮⊙,应该会看到运行成功字样。这样我们就给这个新表添加了一个主键约束,指定 id 列为主键。此时,我们在"对象浏览器"面板中可以看到 companies 这个表的"约束"项中新增了一个约束 companiespk,这与刚才的 SQL 指令内容是一致的,如图 3-27 所示:

postgres@local (1)
1 ALTER TABLE companies
2 ADD CONSTRAINT companiesPK PRIMARY KEY(id)

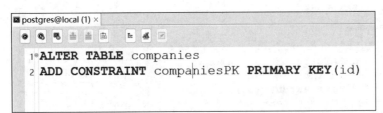

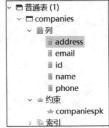

图 3-26 输入的改变表结构的 SQL 语句

普通表 (1)
companies
列
address
email
id
name
phone
约束
companiespk
索引

图 3-27 “列”详情

表是有了，但还缺少数据，下面来添加几条记录。请回忆在 2.4.8 节中学习的相关 SQL 指令，结合这个新表的结构，输入如图 3-28 所示的指令。

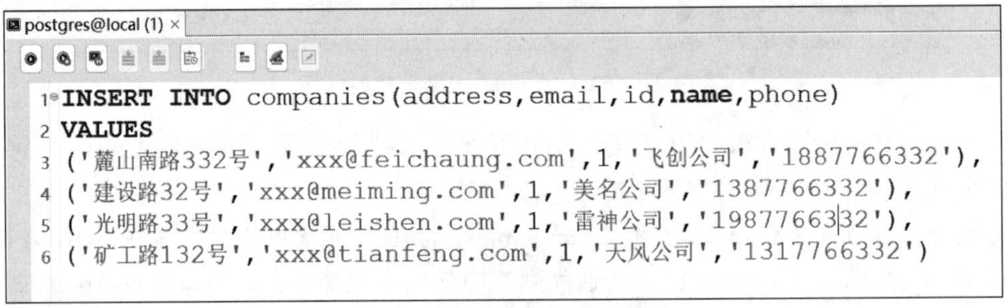

postgres@local (1)
1 INSERT INTO companies(address,email,id,name,phone)
2 VALUES
3 ('麓山南路332号','xxx@feichaung.com',1,'飞创公司','1887766332'),
4 ('建设路32号','xxx@meiming.com',1,'美名公司','1387766332'),
5 ('光明路33号','xxx@leishen.com',1,'雷神公司','1987766332'),
6 ('矿工路132号','xxx@tianfeng.com',1,'天风公司','1317766332')

图 3-28 使用 SQL 语句添加数据①

单击“运行”按钮后，会弹出错误信息，提示主键不允许重复。下面来检查这段代码，会发现新增的 4 条记录中，每个 id 字段的值都是 1，而 id 字段已经被我们设置为主键了，是必须非空且唯一的。解决方法很简单，就是修改后面 3 条记录的 id 字段值，如图 3-29 所示。

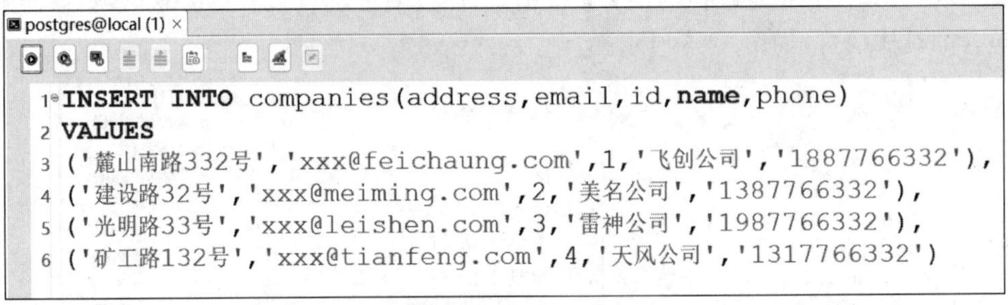

postgres@local (1)
1 INSERT INTO companies(address,email,id,name,phone)
2 VALUES
3 ('麓山南路332号','xxx@feichaung.com',1,'飞创公司','1887766332'),
4 ('建设路32号','xxx@meiming.com',2,'美名公司','1387766332'),
5 ('光明路33号','xxx@leishen.com',3,'雷神公司','1987766332'),
6 ('矿工路132号','xxx@tianfeng.com',4,'天风公司','1317766332')

图 3-29 使用 SQL 语句添加数据②

再次运行，应该就可以看到运行成功字样。

现在我们的数据库中终于保存了实际数据，让我们查询一下吧。删除前面的代码，并输入新的查询代码，按照 2.4.1 节讲解的简单查询语句，可以这样写：

```
select * from companies
```

然后单击“运行”按钮，应该可以看到我们刚才录入的 4 行信息，如图 3-30 所示。

我们已经通过 Data Studio 书写并运行了 SQL 语句，创建了表格，输入了数据，并实现了简单查询。下面使用类似的方法来演练 2.4 节中学习的各类 SQL 语句。

Data Studio 的功能很强大，除运行 SQL 指令外，它还允许我们以图形可视化的方式创建表、修改表、录入和编辑数据。不过这些不是本书的教学重点，就留给读者慢慢探索和尝试吧。

图 3-30 进行 SQL 查询的结果

3.4 基于 Python 的关系数据库的连接和查询

openGauss 数据库脱胎自开源关系数据库 PostgreSQL,在其基础上做了深度的改进和优化。因此,openGauss 数据库可以借鉴和使用开源 PostgreSQL 数据库的成熟生态环境,包括针对各种编程语言的驱动接口。

在笔者写作的 2022 年,openGauss 官方支持 C/C++、Java 和 Python 这 3 种语言的编程接口。但官方支持的接口和驱动软件都是针对 Linux 的,而我们的大部分读者可能都在使用 Windows 操作系统。因此,我们可以借助开源数据库 PostgreSQL 针对 Python 的编程接口 psycopg2,它发展得更早,而且提供了针对 Windows 的版本。

虽然 psycopg2 是针对开源数据库 PostgreSQL 的,但由于 openGauss 与 PostgreSQL 共享了很多底层的技术,因此 openGauss 的常规操作都可以基于 psycopg2 来调用实现。下面介绍 psycopg2 的安装和使用方法。

3.4.1 psycopg2 的安装

视频讲解

psycopg2 的官方网址详见前言二维码。在笔者写作的 2022 年,共有两个主要版本可以使用,分别是 psycopg2 和 psycopg3。这两个版本是同时被官方支持的,基于兼容性和稳定性的考虑,我们使用更加成熟的 psycopg2 来连接操作 openGauss 数据库。

psycopg2 的安装方法很简单,用 Python 语言的官方安装工具 pip 即可。

首先,打开一个命令行窗口。如果使用的是 Windows 操作系统,建议以管理员身份来打开命令行窗口(见图 3-31),因为安装过程可能会往系统磁盘写入文件,如果没有管理员权限,可能会遇到错误。

在打开的命令行窗口中,输入如下的 pip 指令:

```
pip install psycopg2 - binary
```

在笔者写作的时候,psycopg2 的新版本是 2.9。psycopg2 成功安装后,应该可以看到类似 Successfully installed psycopg2-binary-2.9.5 的字样。

图 3-31　在 Windows 平台上启动命令行

现在，我们就完成了对 psycopg2 的安装。下面讲解其基本的使用方法。

3.4.2　简单的数据库查询

用任何编程语言操作数据库，一般都有连接数据库、发送 SQL 指令、获得指令的运行结果、显示结果、断开连接这几个关键步骤。psycopg2 也不例外。让我们看一段简单的示例代码：

```
# 导入 psycopg2 库
import psycopg2
# 连接数据库
conn = psycopg2.connect(database = "postgres", user = "stud", password = "Study@2023", host = "127.0.0.1", port = "15432")
# 通过 cursor 对象向数据库发送 SQL 指令
cur = conn.cursor()
cur.execute("SELECT id from companies")
# 获得 SQL 指令的运行结果
rows = cur.fetchall()
# 对多行返回数据进行显示
for row in rows:
    print(row)
# 断开数据库连接
cur.close()
conn.close()
```

上面的代码实现了对我们在 3.3 节中创建的数据表的简单查询，通过以"#"开头的注释信息,应该不难理解每条语句的作用。下面来——解析。

第一步,通过 import 指令导入 psycopg2 库,只有先导入库,我们才能使用这个库中的相关功能。

第二步,创建一个关键的 psycopg2 对象,即 connect 类型的对象。这个对象被存储在 conn 这个变量中,它将负责连接数据库。我们在创建这个对象时,通过参数传入了数据库名、用户名、登录密码、主机 IP 和通信端口信息。请回忆一下,我们在 3.3.2 节使用 Data Studio 连接 openGauss 数据库时是不是在窗口中填写了这些信息?所以,无论是通过图形化界面还是通过编程的方式,其本质是相同的,都是跟数据库系统"对话"。

第三步,通过 connect 对象创建第二个关键的 psycopg2 对象,即 cursor 类型的对象。这个对象被存储在 cur 这个变量中,它将负责向数据库发送 SQL 指令并获得运行结果。创建这个对象时,不需要提供什么额外的信息,所以其创建函数带一个空括号,没有任何参数。

第四步,通过 cursor 类型对象的 execute 函数向数据库发送 SQL 指令。这条指令是一个简单的查询指令,目标很明确,就是获得表中 id 列的所有行。这条 SQL 指令是用 Python 的字符串来表示的,在 psycopg2 中,所有的 SQL 指令都将使用字符串来表达,但复杂一些的 SQL 指令需要考虑输入参数,以及 Python 和 SQL 数值类型转换的问题,我们会在后面的示例中进一步说明。

第五步,通过 cursor 类型对象的 fetch 函数获得 SQL 指令的运行结果,返回的结果是 Python 的可迭代容器类型,所以可以通过循环语句来遍历其中的每一个数据,并且进行显示。

第六步,分别调用 cursor 类型和 connect 类型对象的 close 函数,实现对数据库连接的关闭。注意,要先调用 cursor 的 close 函数,再调用 connect 的 close 函数。因为 cursor 是由 connect 对象创建的,所以它是依附于后者的。在关闭数据库连接时,我们要先释放子对象,再释放其母对象。如果不做这一步,Python 程序在关闭时,数据库大概率会自动关闭这个打开的数据连接,但这并不保险,可能会造成计算机内存等资源的浪费,也会有一些安全隐患,所以建议读者在完成对数据库的操作后,就关闭数据库连接。

这段代码的运行结果如下:

```
(1,)
(2,)
(3,)
(4,)
```

这 4 行输出正是我们在 3.3.3 节中向 companies 表中添加的 4 行记录对应的 id 列的值。说明查询结果是正确的。

3.4.3 对数据库进行修改

前面已经学习了如何进行简单查询,与查询不同的是,对数据库的修改需要在发送 SQL 指令后额外添加一条语句,即

```
conn.commit()
```

也就是说,要在发送 SQL 指令后,通过调用 connect 对象的 commit 函数告诉数据库,让 SQL 语句所做的数据库修改生效,如果不调用这个函数,则对数据库的修改可能没有生效。对于数据库而言,数据是最关键的,不经过用户的反复确认,最好不要随便对数据库进行修改。这样通过对 commit 函数的调用,就是对数据库修改操作的再次确认。

下面我们尝试在 companies 数据库中创建一个新表：

```
#假设已经按照前一个例子创建了 conn 和 cur 对象
#构造一个多行的 SQL 语句,用来创建一个新的表
sql_str = """
CREATE TABLE Customers(
  customer_id SERIAL PRIMARY KEY,
  name VARCHAR(20) NOT NULL,
  phone_no VARCHAR(20)
);
"""
#向数据库发送这条 SQL 指令
cur.execute(sql_str)
#通知数据库,将 SQL 语句所做的修改生效
conn.commit()
#请仿照前一个例子关闭数据库连接
```

在这个例子中,我们构造了一个多行的 SQL 语句,并把它存放在一个名为 sql_str 的 Python 变量中。这个变量是字符串类型的。需要特别注意的是,我们通过 3 个连续的英文双引号来开启一个多行的字符串,并且在字符串输入后,再用 3 个连续的英文双引号来告诉 Python 这个多行字符串已经录入完毕了。这个技巧还是很常用的,因为很多数据库操作都需要用比较复杂的 SQL 指令来描述。

在调用 cursor 类型对象的 execute 函数执行这条 SQL 指令后,我们特别调用了 connect 类型对象的 commit 函数让所做的数据库修改生效。如果没有对 commit 函数进行调用,这个表是不会被真正创建的。可以用 Data Studio 连接数据库,来观测 commit 函数调用前后数据库的变化。可以发现,Customers 这个表是在调用 commit 函数之后才出现的。

3.4.4 使用参数构造 SQL 语句

什么叫用参数来构造 SQL 语句? 为什么用参数来构造 SQL 语句? 为了理解这两个问题,我们需要先看一个简单的例子。在这个例子中,以 3.4.3 节的方法向 Customers 表中新增一条记录。请观察这段代码：

```
#假设已经按照 3.4.2 节中的例子创建了 conn 和 cur 对象
#构造一个多行的 SQL 语句,用来创建一个新表
sql_str = """
INSERT INTO Customers(name, phone_no)
VALUES ('lei cai', '1337667777');
"""
#向数据库发送这条 SQL 指令
cur.execute(sql_str)
#通知数据库,将 SQL 语句所做的修改生效
conn.commit()
#请仿照 3.4.2 节中的例子关闭数据库连接
```

这条语句运行完毕后,打开 Data Studio 应该可以看到这条新记录已经被加入 Customers 表中了。

这个例子有什么问题吗? 仔细观察,你会发现这条新记录各个字段的值是写死在代码中的。也就是说,在写 Python 代码的时候,你就得事先知道用户要输入什么数据。这可能吗? 一般来说是不可能的。如果在写代码的时候就知道了要输入什么数据,那么我们没有必要编写 Python 程序了,因为它不能帮助我们录入新的数据。

怎么解决这个问题？思路就是：数据在程序运行时才被用户输入，被存放在 Python 的变量中，我们在构造 SQL 指令的时候需要嵌入这些变量。这些变量对于 SQL 语句而言就变成了参数。

在 SQL 语句中，嵌入参数（也就是待定内容）的方法是用"％"标识符。请看下面的例子：

```
# 假设已经按照 3.4.2 节中的例子创建了 conn 和 cur 对象
# 假设用户在程序运行中输入了两个数据，分别保存在这两个变量中
name = '张三'
phone_no = '1887667777'
# 向数据库发送一条 SQL 指令，注意：这条 SQL 指令中包含 2 个参数，其值在运行时会由上面的两个变量值填充
cur.execute("""
INSERT INTO Customers(name, phone_no)
VALUES ( % s, % s);
""", (name, phone_no))
# 通知数据库，将 SQL 语句所做的修改生效
conn.commit()
# 请仿照 3.4.2 节中的例子关闭数据库连接
```

在这段代码中，我们模仿真实场景，假设用户在程序运行时输入了两个数据，分别保存在 name 和 phone_no 这两个变量中，然后通过 cursor 对象的 execute 函数构造并发送一条带参数的 SQL 指令。在这个指令中出现了两个"％s"，说明这里存在字符串型（s 是字符串 string 的意思）的待定参数。execute 函数的第一个参数就是这条 SQL 指令，第二个参数是一个 Python 的元组类型，即用括号括起来的多个值。这里，元组中存放了两个变量，分别是前面提到的 name 和 phone_no，里面保存了用户在运行时输入的数据。

通过这种方法，psycopg2 可以在运行时根据用户输入的数据来组装 SQL 指令，实现自定义的数据输入。

注意：

- 在％s 的两侧不要再加引号，否则会报错。
- 无论参数中保存什么类型的数据，一律用％s 来代表，因为 SQL 语句整体就是字符串。
- 如果 SQL 语句中有表示求余运算的％符号，为了避免与％s 混淆，把求余运算的％改写为％％。psycopg2 在与数据库通信时会将％％正确转换为表示求余计算的％。
- 只能用％s 参数来代表 SQL 语句中的字段值，不能用％s 来代表表名或字段名。若有这样的需求，则参考 psycopg2 帮助中的高阶用法。

3.4.5 处理 Python 与 SQL 的数据类型转换

Python 和 SQL 是两种不同的语言，它们内置的数据类型也是不同的。比如我们在 2.4.6 节中提到基于 openGauss 的 SQL 支持整型、浮点型、字符串、文本和日期类型等若干数据类型。这些数值类型的名字与 Python 不完全相同。比如在 SQL 中，我们用 VARCHAR 类型来表示可变长度的字符串，但在 Python 中是没有这个类型的。那么，我们在 Python 程序中向数据库发送 SQL 指令时，如何确保相关参数能转换成 SQL 能理解的数据格式呢？

psycopg2 的参数机制中已经内置了 Python 语言中的类型向 SQL 类型自动转换的功能。为了体验这种功能，我们先通过下面的代码给已经存在的 Customers 表增加几个不同类型的字段，然后写一段代码来实现为这些不同类型的字段添加数据，在这个过程中体验两种不同语言之间的数据类型转换。

首先，仿照 2.4.6 节中的示例，给现有表添加几个不同类型的字段。

```
#假设已经按照 3.4.2 节中的例子创建了 conn 和 cur 对象
#构造一个多行的 SQL 语句，用来给现存表新增几个不同类型的列
sql_str = """
ALTER TABLE Customers
ADD
(
birthday DATE,
isMarried BOOLEAN,
savings FLOAT
);
"""
#向数据库发送这条 SQL 指令
cur.execute(sql_str)
#通知数据库，将 SQL 语句所做的修改生效
conn.commit()
#请仿照 3.4.2 节中的例子关闭数据库连接
```

现在 Customers 表中就有多种类型的字段了，包括整型的 id 列、字符串型的 name 列、日期型的 birthday 列、布尔型的 isMarried 列和浮点型的 savings 列。下面我们尝试新增一条记录，给这些不同类型的列同时进行赋值，看看能否成功。

```
#假设已经按照 3.4.2 节中的例子创建了 conn 和 cur 对象
#假设用户在程序运行过程中输入了以下不同类型的数据，分别保存在变量中
from datetime import date
name = '王二'
phone_no = '1890067777'              #Python 的字符串型
birthday = date(2021,9,29)           #Python 的日期类型
is_married = False                    #Python 的布尔型
savings = 987.35                      #Python 的浮点型
#向数据库发送一条 SQL 指令，注意：这条 SQL 指令中包含 2 个参数，其值在运行时会由上面的两个变量
值填充
cur.execute("""
INSERT INTO Customers(name, phone_no, birthday,
                      isMarried, savings)
VALUES (%s, %s, %s, %s, %s);
""", (name, phone_no, birthday, is_married, savings))
#通知数据库，将 SQL 语句所做的修改生效
conn.commit()
#请仿照 3.4.2 节中的例子关闭数据库连接
```

运行代码，如果此时用 Data Studio 打开数据库，并查看 Customers 表中的数据，应该会看到如图 3-32 所示的结果。

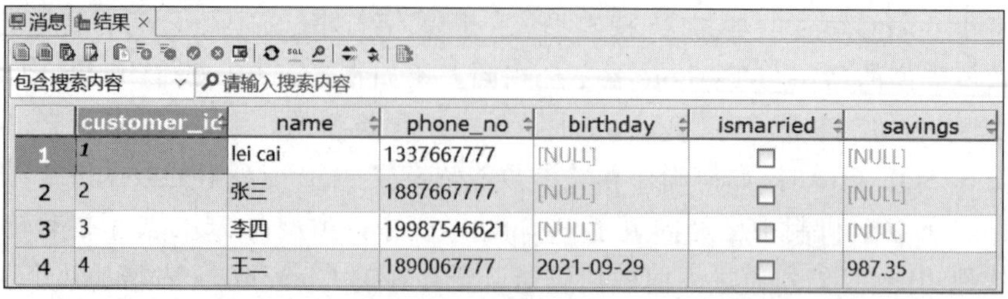

	customer_id	name	phone_no	birthday	ismarried	savings
1	1	lei cai	1337667777	[NULL]	☐	[NULL]
2	2	张三	1887667777	[NULL]	☐	[NULL]
3	3	李四	19987546621	[NULL]	☐	[NULL]
4	4	王二	1890067777	2021-09-29	☐	987.35

图 3-32　在 Data Studio 中查看数据插入后的结果

视频讲解

从这个结果可见,psycopg2 已经正确地把 Python 变量中保存的日期型、布尔型、数值型的信息转换成了 SQL 能够理解的形式并进行了保存。如果有更复杂的数据类型要转换,比如二进制型等,可以参考 psycopg2 的官方帮助(网址详见前言二维码)。

3.4.6 简单图形化界面的实现方法

对于一个数据库应用程序而言,图形化界面往往是不可缺少的。比如我们需要提供一个界面,让用户输入数据进行查询,并给出反馈结果。如果一切都用命令行来实现,那么用户操作起来很不直观,也不方便。

用 Python 实现图形界面的方式有很多,大体上可以分为两类:一类是窗口式的应用程序,另一类是基于浏览器的 Web 程序。前者以 PyQt、PySimpleGUI 等为代表,后者以 Streamlit、Gradio 为代表。考虑到基于浏览器的 Web 程序可以被部署在云端,让用户无须安装程序就能访问使用,对用户更加便捷友好,所以本书将以 Gradio 这种新型的界面工具来讲解如何实现图形化的数据库应用。限于篇幅,本书只讲解很基础的 Gradio 使用方法,更详细的帮助信息请参考其官方帮助(网址详见前言二维码)。

1. 安装 Gradio

用 Python 自带的 PIP 安装工具,在命令行中输入如下命令即可安装 Gradio。建议以管理员身份打开命令行窗口(详见 3.4.1 节中的叙述)。

```
pip install gradio
```

2. 创建一个数据库登录界面

首先打开一个能够编辑 Python 程序的编辑器,比如 VS Code、PyCharm 或者一个简单的记事本程序;然后输入下面的代码,并将其保存为.py 文件,比如 gradio_hello.py。

```
import gradio as gr
import psycopg2
# 创建一个全局变量,用于保存 psycopg2 的 connect 对象
conn = None
# 定义登录函数,成功登录数据库则返回 True,否则返回 False
def login_fn(name, password):
    global conn
    try:
        conn = psycopg2.connect(database = "postgres",
                user = name, password = password,
                host = "127.0.0.1", port = "15432")
    except psycopg2.Error as e:
        conn = None
        return False
    else:
        return True
# 定义界面
with gr.Blocks() as opengauss_demo:
    gr.Markdown('# 一个简单的数据库 Web 程序')
# 运行界面
opengauss_demo.launch(auth = login_fn)
```

可以在 VS Code 中直接单击"运行"按钮 ▶,运行这段代码。也可以在代码所在文件夹,

用命令行执行下面格式的语句：

```
python 文件名.py
```

请把“文件名”替换成你保存文件时起的实际文件名。

运行这段代码后，会看到如图 3-33 所示的命令行提示。

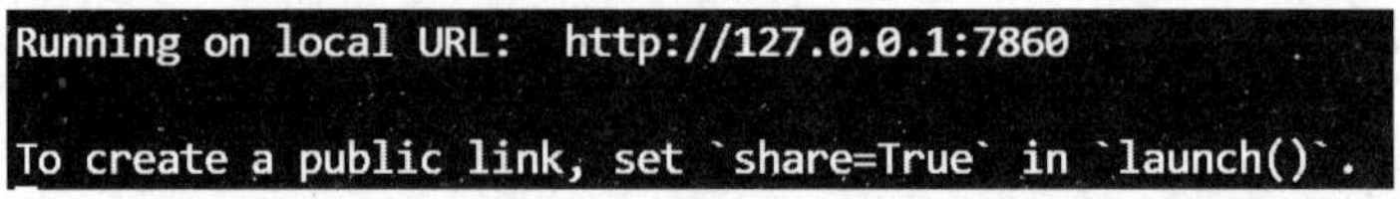
Running on local URL: http://127.0.0.1:7860
To create a public link, set `share=True` in `launch()`.

图 3-33　Gradio 图形界面程序启动后的命令行提示

图 3-33 中显示，这个程序已经在运行了。它是一个 Web 程序，需要打开浏览器，输入图中的 IP 地址来访问。

打开一个浏览器，输入图 3-33 中指定的 IP 地址，然后按回车键，应该就会看到一个登录界面，如图 3-34 所示。在此输入登录 openGauss 数据库的用户名和密码。按照在 3.2.3 节中的设置，正确的用户名是 stud，正确的密码是 Study@2023。

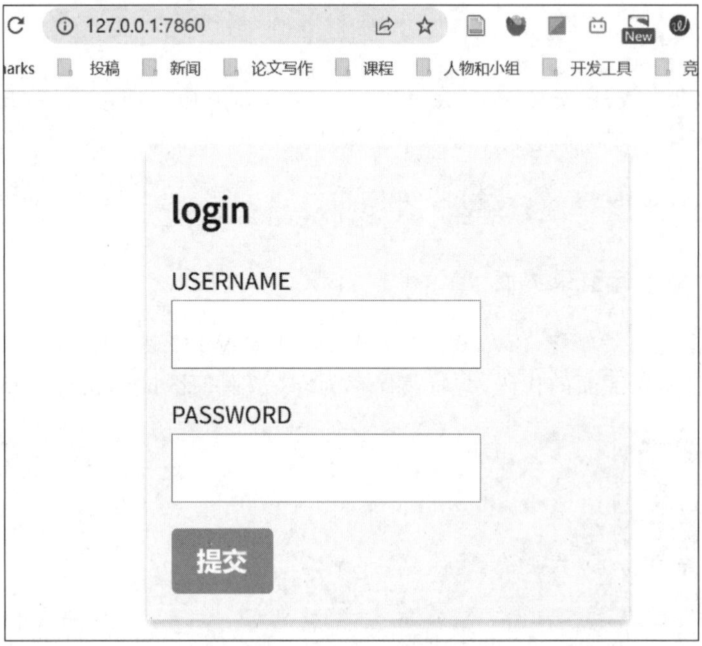
127.0.0.1:7860
New
arks
投稿
新闻
论文写作
课程
人物和小组
开发工具
竞
login
USERNAME
PASSWORD
提交

图 3-34　Gradio 登录界面

如果输入的是正确的信息，单击“提交”按钮后会看到如图 3-35 所示的界面，虽然只有一个标题，但说明已经成功登录数据库了。

若登录信息填写错误，则会看到如图 3-36 所示的出错页面。你可以单击浏览器的“返回”按钮 ←（或按键盘上的回退键，即 Backspace 键）回到登录界面，重新填写信息。

这就是第一个图形界面的数据库应用程序，虽然非常简单，但包含 Gradio 的使用要点。让我们逐一分析代码内容。

第一步，为了使用 Gradio 和 psycopg2 库的功能，通过 import 语句导入了这两个库。我们还通过 import 语句的 as 子语句给 Gradio 这个库起了个更短的别名 gr，后面就可以通过这个更短的别名来访问 Gradio 的功能了。

第二步，创建了一个全局变量 conn，用于保存 psycopg2 的 connect 对象。我们把它的值

图 3-35　第一个 Gradio 程序运行成功界面

图 3-36　第一个 Gradio 程序运行出错界面

初始化为 None(就是空的意思),将在后面的代码中调用 psycopg2 的 connect 方法来创建 connect 对象,并赋值给这个全局变量 conn。如果成功,那么在本程序所有后续的代码中都可以通过 conn 来获取对数据库的操作能力。

第三步,定义一个登录函数,它有两个输入参数,分别代表用户名和密码。如果能成功登录数据库,这个函数就返回 True,否则返回 False。在这个函数的内部,通过 psycopg2 的功能来尝试登录,相关语句请参考 3.4.2 节。在这里,首次使用了 Python 的错误处理机制,即 try 语句。把可能会出错的语句放在 try 后面,通过后面的"except psycopg2. Error as e:"能够捕获到 psycopg2 在调用 connect 函数时可能出现的错误,一般就是用户名和密码错误。当我们捕获到错误后,就把全局变量 conn 置为 None,并让登录函数马上返回 False。这里之所以要把 conn 置为 None,是为了将来添加查询等数据操作代码时,可以通过检查 conn 的值是否为 None 来间接判断是否已经正确连接了数据库,只有当确认已经正确连接数据库时才尝试发送 SQL 指令。注意:在这个函数的开头,我们用 global conn 声明在这个函数内部出现的变量 conn 就是全局变量 conn,这个声明是不能少的,否则 Python 会把这个函数中出现的 conn 变量当作是局部变量而非全局变量,这样一来,函数外面的代码就无法再使用这里创建的数据库连接了。如果没有捕获到异常,就让登录函数返回 True,代表登录成功。

第四步,创建一个 Gradio 界面。这里使用了 Python 中的 with 语句,通过调用 Gradio 的 Block 函数创建一个自定义的界面,并将这个界面对象命名为 opengauss_demo。因为 with 语句的使用,只有当 Block 函数运行成功时,才会执行下方的"gr. Markdown('♯ 一个简单的数据库 Web 程序')"。这条语句会按照 Markdown 标签语言的语法输出格式化文本。这里用了一个 Markdown 语句的标签"♯",意思是一级标题格式,因此后面的文本会以比较粗大的字体显示。通过 Markdown 标签语言可以输出各种格式化文本,比如一级标题、二级标题、列表项、水平横线、数学公式等。关于 Markdown 的语法说明，可以参考各类网络教程（网址详见前言二维码）。

第五步，通过调用 Gradio 界面对象（在第四步中创建了名为 opengauss_demo 的界面对象）的 launch 函数来启动界面。在这个函数中，我们设置了唯一的参数 auth，这个参数的值就是在第三步创建的登录函数。Python 是一种函数式语言，所以函数名可以像数值那样被赋值给一个变量保存，通过该变量也可以实现对函数的调用。通过这个 auth 参数告诉 Gradio 在运行界面时，首先用我们给定的这个函数进行身份验证，当这个函数返回 True 时才让用户看到界面，否则只能看到出错提示。通过这种方式可以实现对系统安全的基本保护。

3. 创建一个数据录入页面

在上一个例子的基础上添加代码，主要是在界面中添加一个标签页，在这个标签页中摆放一些文本框，让用户为数据库中的 Customers 表添加一条记录。关于数据库中的 Customers 表的结构请参考 3.4.3 节。其代码如下：

```python
import gradio as gr
import psycopg2
conn = None
def login_fn(name, password):
    ♯限于本书篇幅，把这个函数的内容省略，请参考上一个例子中对应的代码
def add_customer(name, phone, birthday, is_married, savings):
    global conn
    if conn is None:
        return '没找到有效的数据库连接，请重新登录'
    else:
        cur = conn.cursor()
        try:
            cur.execute("""
            INSERT INTO customers(name, phone_no,
                                  birthday, ismarried, savings)
            VALUES(
                %s, %s, %s, %s, %s
            );
            """, (name, phone, birthday, is_married, savings))

            conn.commit()
        except psycopg2.Error as e:
            return e
        else:
            return '数据添加成功!'

with gr.Blocks() as opengauss_demo:
    gr.Markdown('♯ 一个简单的数据库 Web 程序')
    with gr.Column():
        with gr.Tab('添加客户信息'):
            name = gr.Text(label = '客户名')
            phone = gr.Text(label = '电话号码')
            birthday = gr.Text(label = '生日(年-月-日格式)')
            is_married = gr.Checkbox(label = '婚否')
            savings = gr.Number(label = '余额')
            add_btn = gr.Button("添加")
            msg = gr.Text(label = '结果')
```

```
            add_btn.click(fn = add_customer,
                inputs = [name, phone, birthday, is_married, savings],
                    outputs = msg)

opengauss_demo.launch(auth = login_fn)
```

运行这段代码,在成功登录后,会看到如图 3-37 所示的界面。

图 3-37 包含简单输入控件的 Gradio 程序

按照图 3-37 中的提示为填写相关信息后,单击"添加"按钮会触发数据库操作,如果一切顺利,能看到在界面下方的"结果"栏中显示"数据添加成功!"字样。如果数据库操作失败,也会在"结果"栏中显示对应的错误提示。

下面来分析这段代码。总的来看,与前一段代码相比,这段代码新增了两部分内容:一是新增了函数 add_customer,二是在 with gr.Blocks()下方添加了很多界面元素。下面分别讲解其内容和原理。

首先这个新增的函数负责进行数据库的操作,具体而言就是把输入参数值(对应 Customers 表的 5 个字段)信息通过 SQL 的 INSERT 指令写入数据表 Customers。其具体步骤如下:

(1) 判断是否有可用的数据库连接,如果没有,就返回出错信息。

(2) 根据全局变量 conn 获取 psycopg2 的 connect 对象,进而创建 cursor 对象。

（3）通过 cursor 对象向数据库发送基于 INSERT 的 SQL 指令，通过 psycopg2 的参数功能将本函数的 5 个输入参数作为一条记录的 5 个字段值封装到 SQL 指令中（参见 3.4.4 节）。并通过 connect 对象的 commit 操作使得该 SQL 语句生效（参见 3.4.3 节）。这段代码中使用的 try 语句在 Python 语言中是用于处理异常的，具体请参看上一个示例中关于登录代码的相关说明。

（4）在执行 SQL 语句的过程中，如果遇到异常，就返回出错信息；如果没有遇到异常，就返回操作成功信息。

接下来讲解在 with gr.Blocks() 下新增的代码。首先，我们连用了两个 with 语句，分别创建了一个 Column 对象和一个 Tab 对象。前者是后者的父对象，后者是前者的子对象，两者形成逻辑上的层次结构。前者代表一个以列方式排列子对象的界面容器，使用它的原因是：它有一个 visible 属性可以控制是否显示这个容器的内容，这个性质将在第 4 章使用。后者代表一个标签页。多个相邻的 Tab 对象会被自动组合在一起，形成可以切换的标签页容器。在这个例子中，只有一个标签页，在第 4 章的示例中将使用多个标签页。

在创建这个 Tab 对象的时候，我们使用了一个字符串参数，这个字符串的内容是"添加客户信息"，这个字符串将显示在标签页的标题，代表这个标签页的主要功能。每个标签页都应该有一个标题以便用户分辨其包含的功能。此后的 7 行分别创建了 7 个界面控件，这 7 个控件都是这个标签页容器的子对象。所谓控件（Control），是指在图形界面中诸如文本框、列表框和按钮这样的界面对象。在这 7 个控件中，前 5 个分别对应 Customers 表中除 customer_id 外的 5 个字段值。因为 customers_id 是 openGauss 的 SERIAL 类型，新增记录时系统会自动为其创建一个自增的整数值。而 Customers 表中的其他 5 个字段是需要用户输入的，因此我们为用户提供了 5 个控件来输入这些信息。第 6 个控件是按钮控件，用户单击后就会触发前面提到的函数 add_customer，以执行新增记录的操作。第 7 个控件是个文本框控件，用于根据函数 add_customer 的返回值来显示操作结果。下面具体来看这 7 个控件的设置细节。

（1）第一个控件是文本框控件，是通过 Gradio 的 Text 函数创建的。这个文本框默认只能输入和显示一行文本。创建文本框时使用的 label 参数代表显示在文本框上方的标签，用来提示该文本框中应该输入的内容。我们把新创建的这个文本框控件赋值给变量 name。通过这个变量，后续的 Gradio 代码将能提取用户在这个文本框中输入的内容。

（2）第二个和第三个控件也都是文本框控件，其用法与（1）类似，只是分别用于存储用户输入的电话号码和生日信息。

（3）第四个控件是复选框，是通过 Gradio 的 Checkbox 函数创建的。它呈现在界面上的是可以勾选的方框，但内部存储的其实是布尔型的值。我们把这个控件赋值给变量 is_married，通过该变量就可以获取复选框内部保存的布尔型的值。True 代表用户勾选了，False 代表没有勾选。

（4）第五个控件是数字输入框，是通过 Gradio 的 Number 函数创建的。它的外形与文本框相似，只是里面只能填写数字。这个控件用于获取用户输入的余额数值。

（5）第六个控件是按钮，是通过 Gradio 的 Button 函数创建的。这个函数的参数是个字符串，代表将显示在按钮上方的文本。用户单击这个按钮后，我们希望能够触发向数据库中添加记录的功能，即调用前面提到的函数 add_customer。这个按钮对象被存储在变量 add_btn 中。把按钮和函数绑定起来需要额外的代码，请看（7）。

（6）第七个控件还是文本框，但这次是用 Gradio 的 Textbox 函数创建的。与 Text 函数不同，Textbox 函数创建的文本框可以根据内容显示多行文本。当数据库操作出错时，我们用

try…except 捕获的系统错误提示往往是多行的,所以这里用 extbox 函数来创建文本框。这个文本框对象被保存在变量 msg 中,通过这个变量我们将能够获取和设置这个文本框的内容。

最后,通过调用按钮对象(保存在变量 add_btn 中)的 click 函数实现把用户单击按钮操作与函数 add_customer 绑定。click 函数中主要有三个参数:第一个参数名是 fn,用来指示按钮被单击时应该被触发的函数,我们把函数 add_customer 赋值给这个参数;第二个参数名是 inputs,代表要发送给函数 add_customer 的输入数据,这里用一个 5 个元素的列表来赋值给这个参数,对应从 5 个界面控件中获取用户输入的 5 个字段值,这个列表的元素数是与函数 add_customer 的参数数量一致的;第三个参数名是 outputs,代表函数 add_customer 的返回结果应该在哪个控件中显示,我们把保存在 msg 变量中的控件赋值给这个参数,以便实现在最后的文本框中显示数据库操作结果的效果。

用户可以通过这个界面输入多个新记录,并用 Data Studio 查看数据录入后 Customers 表中的内容变化。本小节讲解了基于 Gradio 搭建图形化数据库 Web 应用的基本用法,对于如何显示数据表内容,如何选中某条记录并进行修改等功能,还没有展示。这些功能的实现将在 4.5 节通过一个具体的工程样例来详细讲解。

3.5　本章习题

1. (判断题)openGauss 是中国华为公司自主研发的关系数据库。(　　)
2. (判断题)使用 Docker 平台可以方便开发者进行跨平台应用程序的开发。(　　)
3. (判断题)Docker 平台可以在 Windows 平台上虚拟出一个轻量级的 Linux 容器,供人们在容器中进行 Linux 程序开发。(　　)
4. (单选题)下面哪条 gsql 指令可以实现列出 openGauss 系统中现有的数据库?(　　)
   A. gsql -p 5432 -l　　　　　　　　B. gsql -d postgres -p 5432
   C. gsql -p 5432　　　　　　　　　　D. gsql -l 5432
5. (单选题)下面哪个软件是 openGauss 官方开发的数据库访问 GUI 程序?(　　)
   A. JDK　　　　B. Data Studio　　　C. DBeaver　　　D. Management Studio
6. (简答题)使用 psycopg2 进行基于 Python 的 openGauss 数据库开发的一般步骤是什么?

7. (简答题)在使用 psycopg2 进行基于 Python 的 openGauss 数据库开发时如何向查询语句中注入参数?

第 **4** 章

关系数据库技术应用

本章将以一个假想的微型应用场景为载体,演示一个关系数据库应用从设计到开发的全流程,供用户参考。我们会从需求分析着手,先运用第 2 章中的知识来设计数据库,再运用第 3 章中的方法来创建和配置 openGauss 数据库,然后设计一个基于 Web 的数据库应用程序,最后基于第 3 章中关于 psycopg2 和 Gradio 的知识来实现这个数据库 Web 程序。

4.1 示范应用简介

假设你是一位负责任的班长,每个学期老师都会委托你来组织同学进行报纸杂志的订阅。以前你都是用纸笔记录,然后把计算和统计结果抄送给老师。但这样不便于对以往的订阅情况进行查阅和统计,比如统计哪本期刊的订阅量最大,查询某位同学最常订阅什么期刊,等等。因此,经过班委会商议,老师准备委托你来设计开发一个小型的数据库应用系统,让同学可以使用这个系统自行填报订阅信息,让老师可以使用这个系统进行订阅情况的统计和查询。

你接到这个任务后,觉得这件事还是很有意义的。如果能够把这个系统开发成功,以后可以扩展来管理很多类似的班级活动和信息,甚至可以推广到其他班级使用,最终扩展成一个供全校所有年级和班级使用的信息管理系统。所以,你下定决心做成这件事。但由于这个数据库系统从设计到开发都由你一个人完成,你的时间和精力是非常有限的,所以你还是有些紧张的。你知道,务必要精心设计,尽量不要贪大求全,要紧紧把握住核心的需求,聚焦精力才能有所成。而需求分析是辨明核心需求的关键,所以接下来开始进行需求分析。

4.2 应用需求分析

从任务描述中可知,有两类用户会使用本系统。首先是同学,他们会使用本系统进行报纸杂志的订阅;其次是老师,他会对订阅信息进行查询和统计。但这是很模糊的需求,具体要怎样订阅,要进行什么样的查询和统计,还需要分别跟同学和老师商议清楚。但在跟这些潜在的用户沟通之前,要注意一点:用户在描述自己的需求时,有些需求可能是不切实际的,比如技术上太复杂。因此,在做需求调研时,沟通是双向的,在对方提出需求的同时,你也应该进行必要的解释和引导,让用户提出的需求是尽量必要和可行的。等到系统建成后,可以根据将来的需求和条件继续完善。在系统建构之初,不必,也不能贪大求全。

经与同学和老师分别进行必要的沟通后,你大致落实了他们的具体需求。其中,同学的需求如下:

- 每位同学都可以使用预先分配的账号和密码登录系统。
- 进入系统后可以看到本次订阅的可选期刊列表。
- 可以在系统中选择期刊并订阅,一旦提交订阅,就不能再更改。

老师的需求如下:

- 老师只有一位,可以用预先分配的账号和密码登录系统。
- 可以录入期刊信息。
- 可以查看每位同学的订阅期刊列表,且可以按订阅量将列表项排序。
- 可以查看按照订阅量排序的期刊列表,且在列表中可以显示每本期刊的总订阅量。

上述需求看起来很简单,但确实体现了期刊订阅和统计中的关键功能。比如选择期刊并订阅,以及基本的统计。其实在你与同学和老师的沟通中,他们希望得到的功能远不止于此,比如同学希望能够自己注册并更改登录密码,希望能够查看自己的订阅历史,希望能够在提交订阅后还能撤回修改……而老师也希望能够自行注册和修改登录信息,希望能修改和删除期刊信息,希望能够对同学的订阅进行审核,在必要时退回重选。但这些美好的功能,在只有你一个开发人员的情况下是难以在短期内实现的。在你诚恳的沟通下,老师和同学都理解了你的难处,并进行了妥协,暂时放弃了这些额外需求。他们希望你能将有限的精力用在关键的功能实现上,以后再慢慢完善。

4.3　数据库设计

经过需求分析,我们落实了要实现的具体功能。现在需要站在关系数据库的角度分析这个应用中包含哪些实体,实体之间有什么样的关系,进而设计数据表,确定数据存储的细节。关于数据库设计的思路,请参考 2.3 节。

4.3.1　确定实体

所谓实体,就是需要被数据库保存的关键的人、物、事件、地点等概念。对于期刊订阅而言,订阅的主体是同学,客体是期刊。所以同学应该是个实体,期刊也应该是个实体。此外,老师也参与了订阅,虽然只是查询和统计,但老师相对独立于其他实体,他的信息也需要被保存在数据库中,因此老师也应该是个实体。

此外,在期刊订阅中发生的关键事件是订阅,而且这个事件相关的信息(比如谁订阅了什么)是一定要存储在数据库中的。因此,考虑订阅也是一个实体。此外,统计对于老师而言似乎也是一个事件,但统计只是根据数据库中的数据进行查询和计算,统计结果是不会保存到数据库中的,因此统计不应该是一个实体。

结合上述分析,初步判断有如下实体:

- 同学。
- 报刊。
- 老师。
- 订阅。

4.3.2　明确实体之间的关系类型

对于我们发现的 4 个实体而言,如果两两分析,会有 12 个关系,分别是:

(1) 同学对报刊的关系。一位同学可以订阅多份报刊,所以同学对报刊是一对多的关系。

（2）报刊对同学的关系。某报刊可以被多位同学订阅，所以报刊对同学而言是一对多的关系。

（3）同学对老师的关系。由于在本系统中只有一位老师，所有同学都默认是这位老师的学生，因此老师与同学之间的关系不需要在数据库中存储。

（4）老师对同学的关系。根据（3）中所述，该关系的类型不需要分析。

（5）同学对订阅的关系。一位同学可以有多个订阅，所以同学对订阅是一对多的关系。

（6）订阅对同学的关系。一个订阅只能对应一位同学，所以订阅对同学是一对一的关系。

（7）报刊对老师的关系。由于在本系统中只有一位老师，所有的报刊信息都是由这位老师录入的，因此两者之间的关系不需要在数据库中存储。

（8）老师对报刊的关系。根据（7）中所述，两者之间的关系不需要在数据库中存储。

（9）报刊对订阅的关系。每本报刊可以被多人订阅，所以报刊对订阅是一对多的关系。

（10）订阅对报刊的关系。每个订阅只能对应一份报刊，因此订阅对报刊而言是一对一的关系。

（11）老师对订阅的关系。由于在本系统中老师不参与订阅过程，因此这两个实体之间的关系不需要分析。

（12）订阅对老师的关系。根据（11）中所述，该关系的类型不需要分析。

上述分析看起来有些烦琐，但基本涵盖了所有实体之间的可能关系。从中可以归纳如下：

■ 根据关系（1）和（2）归纳：同学和报刊之间是多对多的关系。

■ 根据关系（5）和（6）归纳：同学和订阅之间总体是一对多的关系。因为关系（5）是一对多的关系，关系（6）是一对一的关系，取基数最大的关系作为两者的关系。

■ 根据关系（9）和关系（10）归纳：报刊和订阅之间总体是一对多的关系。

■ 老师和报刊之间的关系不体现在数据库中。

■ 老师和订阅之间的关系不体现在数据库中。

■ 老师和同学之间的关系不体现在数据库中。

可以用实体关系图（ER 图）来表示上述关系和类型，如图 4-1 所示。

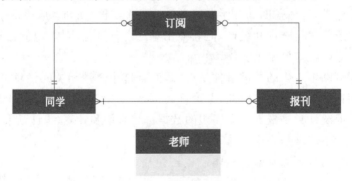

图 4-1 报刊订阅问题中的 ER 图设计示例

图 4-1 中有一个多对多关系和两个一对多关系。虽然关系数量不多，但仍然存在冗余，可以继续简化。有时在你的模型中，会得到一个"多余的关系"。这些关系已经由其他关系表示，尽管不是直接表示。

对于图 4-1 的设计而言，同学与期刊之间的关系是多余的。原因有两个：首先，从同学到报刊之间已经存在一个中间实体"订阅"，通过"订阅"实体，同学和报刊已经间接地被关联了，因此同学和期刊之间的直接关系就是多余的。其次，同学和报刊之间的关系类型是多对多的关系。而多对多的关系无法直接转换成关系数据库中的表,只有一对一和一对多或多对一类型的关系才可以直接转换成关系数据库中的表。因此,在"同学与报刊的多对多关系"和"同学、订阅和报刊之间形成的一对多和多对一间接关系"之间,我们选择保留后者。因此,前一个ER 图可以简化为图 4-2。

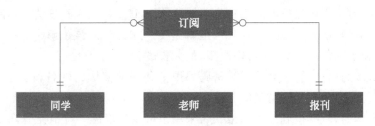

图 4-2　简化了的报刊订阅问题 ER 图设计

　　注意:如果有无法省去的多对多关系存在,则在 ER 图设计阶段要将每个这样的多对多关系转换成一组一对多和多对一关系。比如,假设本系统中要考虑的老师不是一个,而是多个,那么学生和老师之间就存在一个多对多关系。因为每位学生可以有多位老师,每位老师也可以教多位学生。对于这个多对多关系,我们无法在后续的设计中将其直接转换为关系型数据表,必须将其转化成更简单的关系。转化的方式就是在同学和老师这两个实体之间新增一个联系实体,使得同学与新实体之间有个一对多关系,新实体与老师之间有个多对一关系。考虑到学生是通过课程与老师发生关联的,因此新增一个"选课"实体是不错的选择。一位学生可以进行多次选课,所以学生与选课之间是一对多的关系;多位学生可能都是选同一位老师的课,所以选课和老师之间是多对一的关系。这样,学生、选课和老师这 3 个实体就通过一组一对多和多对一关系联系在一起了,也就把原先的多对多关系转换成更简单的关系了。

4.3.3　确定实体属性

　　为每个实体保存的数据元素称为属性。对于同学实体而言,应该保存的数据包括学号、姓名和登录密码(假设登录名就是学号)。对于老师实体而言,应该保存的数据包括用户名和登录密码。对于报刊实体而言,应该保存的数据包括报刊编号、报刊名、订阅金额。对于订阅实体而言,主要应该保存"谁订了什么"信息,所以它应该包括的属性有学号、报刊编号、订阅时间,其中学号指明了是"谁"订阅,报刊编号指明了订了"什么",订阅时间用来区分多次订阅。以上列出的实体属性是个最小可能集合,是为了完成基本系统功能的必备属性。等到系统雏形开发完毕后,可以再不断完善。

　　明确了每个实体有哪些属性后,还需要确定每个实体的主键和外键。因为主键和外键直接体现了实体之间是如何关联的,这对后面的数据库构建和程序设计很重要。下面逐一分析:

- 对于同学实体而言,能区分彼此的是学号,因为学号对每位同学而言都是非空和唯一的。
- 对于老师实体而言,目前只有一个,虽然不必设置主键约束,但为了将来系统扩展,还是选出一个属性作为主键为好。用户名属性是比较合适的,因为它对老师而言也是必需的,而且即便将来支持多位老师登录,也应该具有不同的用户名。
- 对于报刊实体而言,能区分彼此的是报刊编号,因为报刊编号对每本报刊而言都是非空和唯一的。
- 对于订阅实体而言,单独的学号属性和单独的报刊编号属性都不能实现对订阅记录的相互区分。因为某位同学可能多次订阅,每本报刊也可能被多位同学订阅。即便把学号和报刊编号这两个属性组合起来也是不能做主键的，因为某位同学可能在多个学期订阅相同的期刊。因此，考虑添加一个能将任意两次订阅区分开来的属性，比如订阅编号。这样一来，学号和报刊编号对于订阅实体而言都是外键。

最后，我们需要确定每个实体属性的类型。对于同学实体的属性：学号一般是由字母和数字组合而成的，因此用可变长度的字符串类型 VARCHAR，最大长度为 20 字节应该够了。姓名也是字符串类型，最大长度为 20 字节，也就是 10 个汉字，应该也够了。登录密码一般由字母、特殊字符和数字构成，也是字符串类型，最大长度为 10 字节也够了。

对于老师实体的属性，登录名和登录密码采用了和同学实体的姓名和登录密码一致的类型设置，因为它们保存的是相同意义的数据。

对于报刊实体的属性，报刊编号和报刊名采用了可变长度的字符串类型，最大长度都设置为 20 字节，对应 10 个汉字，对于常见的报刊而言应该足够了。订阅金额用浮点类型，拟表示多少元。

对于订阅实体的属性，学号和报刊编号分别对应同学实体和报刊实体的主键，因此其类型与另外两个实体的对应属性一致。订阅时间用日期类型，保存订阅发生的时间。订阅编号可以考虑用能够自动增长的整数类型。

现在，我们更新前面的 ER 图，让它包含属性信息，如图 4-3 所示。

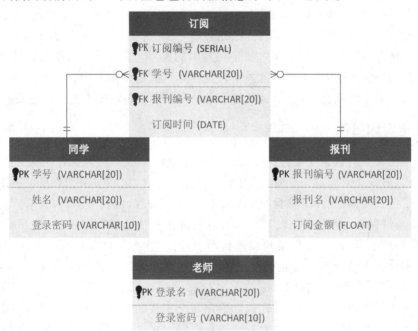

图 4-3　包含实体属性的报刊订阅问题 ER 图设计

4.4　数据库构建

依据 4.3 节的数据库设计，可以着手用 openGauss 数据库来创建对应的表结构并填充初始数据。

沿用 3.1 节和 3.2 节中对 openGauss 数据库的配置。依然使用在 3.2.3 节创建的 stud 这个用户，以 Study@2023 这个密码，通过 3.3 节介绍的 Data Studio 登录 postgres 这个内置的数据库，然后进行建表和添加数据操作。

4.4.1 通过 Data Studio 创建数据表

首先通过 Data Studio 登录 openGauss 系统中名为 postgres 的数据库,相关步骤请参考 3.3.2 节。然后仿照 3.3.3 节中的方法向 openGauss 系统发送 SQL 语句。

要创建表,需要用 CREATE TABLE 这条语句,相关语法请参考 2.4.5 节。图 4-4 中是根据 ER 图编写的创建同学实体表的 SQL 语句。

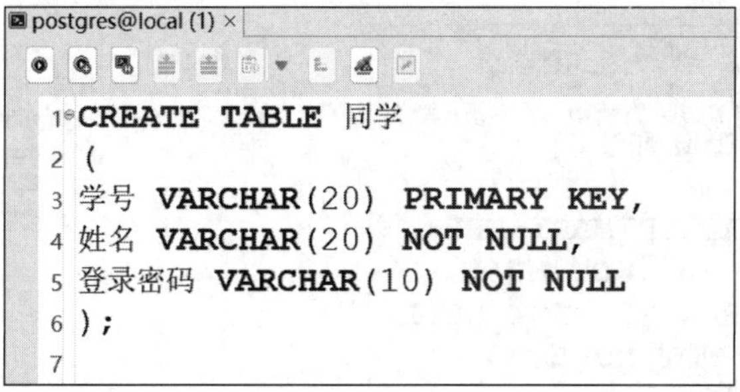

图 4-4　在 Data Studio 中创建同学表的 SQL 语句

这里表名和字段名都用了中文,用国产数据库写中文表结构,这更符合国人的习惯,也更加直观。但也有不便之处,就是在写 SQL 语句时必须频繁地在中英文输入法之间切换,因为 SQL 的关键字和符号都要求是英文字符,如果不小心把括号或引号写成了中文括号或引号,那么 SQL 语句是无法运行的。这一点请务必注意。

创建老师实体表的 SQL 语句如图 4-5 所示。

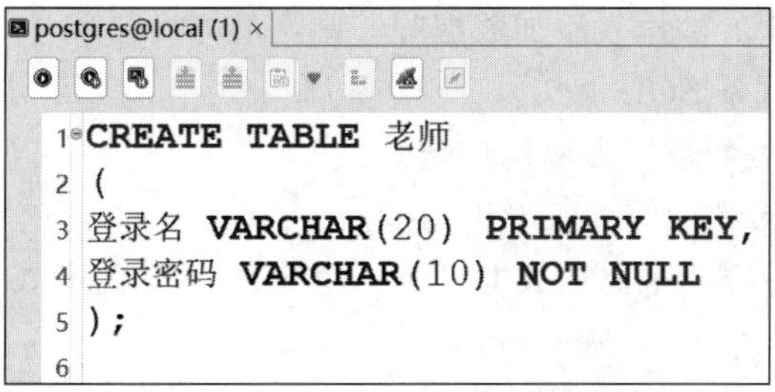

图 4-5　在 Data Studio 中创建老师表的 SQL 语句

创建报刊实体表的 SQL 语句如图 4-6 所示。

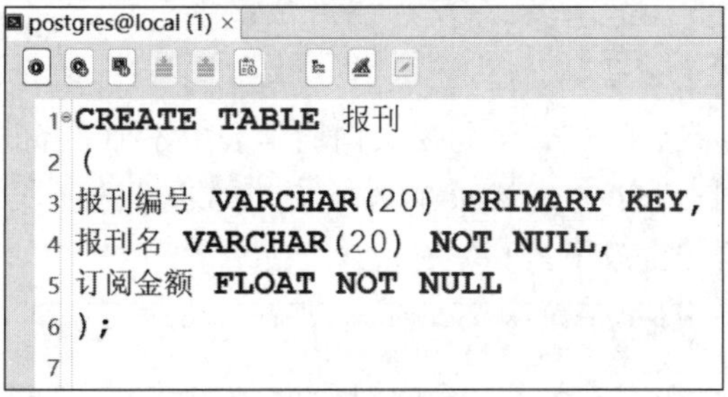

图 4-6　在 Data Studio 中创建报刊表的 SQL 语句

创建订阅实体表的 SQL 语句如图 4-7 所示。

由于订阅实体是以两个属性组合成的主键,因此我们以添加约束的方式来创建这个主键。通过这种方式可以为数据表设置由两个或更多属性组合而成的主键。

分别运行上述 SQL 语句后,我们应该在 postgres 这个表中创建了 4 个新表,对应在 4.3

节设计的 ER 图。这时在 Data Studio 左侧的对象浏览器中应该可以看到这 4 个新表，如图 4-8 所示。

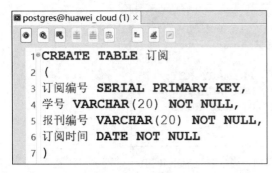

图 4-7　在 Data Studio 中创建订阅实体表的 SQL 语句　图 4-8　在 Data Studio 中查看刚创建的 4 个表

4.4.2　在数据表中录入初始数据

为了进行后续的数据库应用程序的开发，我们需要给新增的数据表添加一些初始数据，便于在调试程序时能看到查询结果。

怎样向 openGauss 中的数据表添加数据呢？常用的方法如下：

（1）通过 INSERT 这条 SQL 语句。

（2）通过 Data Studio 的数据表编辑功能。

（3）通过 Data Studio 的数据导入导出功能。

下面分别采用这 3 种方式来添加数据。首先用 SQL 语句的方式，下面的语句能够向同学表添加 3 条记录：

```
INSERT INTO 同学(学号,姓名,登录密码)
VALUES
('S2020090101','王传','wc2020'),
('S2020090102','王锦','wj2020'),
('S2020090103','李叔','ls2020')
```

在 Data Studio 中运行这条 SQL 语句后会向同学表中添加 3 条记录，在 Data Studio 左侧的对象浏览器中，右击"同学"表，在右键菜单选择"查看数据"选项，会看到如图 4-9 所示的表内容，说明刚才的 SQL 语句生效了。

图 4-9　在 Data Studio 中查看数据插入结果

然后，尝试通过 Data Studio 的数据表编辑功能来添加数据。在 Data Studio 左侧的对象浏览器中，右击"老师"表，在右键菜单中选择"编辑数据"选项，如图 4-10 所示。

单击图 4-10 菜单中的"编辑数据"选项后，会看到 Data Studio 中央区域弹出一个数据编辑窗口，如图 4-11 所示。

图 4-10 在 DataStudio 中进行表数据编辑

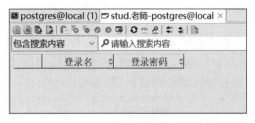

图 4-11 在 Data Studio 中看到的表数据修改

图 4-11 中显示了一个空表，在"登录名"和"登录密码"下方没有数据。因为"老师"这个表是刚刚创建的，还没有录入任何数据。

单击图 4-11 中数据编辑窗口中的"添加数据"图标 ⬚，会出现一个绿色背景的新行，代表在此行中录入数据了，如图 4-12 所示。

我们可以在登录名下输入一个字符串，比如"老师"；在登录密码下输入一个代表密码的字符串，比如"ls2022"，如图 4-13 所示。

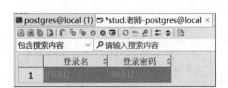

图 4-12 在 Data Studio 中以图形化方式新增一条记录

图 4-13 在 Data Studio 中输入一行新数据

可以看到，现在数据已经录入该表了，但不要着急。就像在 3.4.3 节中讲解 psycopg2 对数据库进行修改时提到的，SQL 语句发送后一定要再调用 connecct 对象的 commit 函数，才能让对数据库的修改最终生效。这里也是类似的，为了避免输入错误的数据，Data Studio 要求在输入数据后，无论是输入了一行还是多行，都要单击"确认"按钮 ✓，才会真正把这些数据写入数据库。单击"确认"按钮 ✓，然后你会发现这个新增行原本的绿色背景变成了白色背景，说明它的内容已经写入数据库了，如图 4-14 所示。

最后，尝试通过 Data Studio 的数据导入导出功能来实现数据的录入。仿照 3.5 节中的叙述，我们可以先从 Data Studio 中导出一个表的数据，保存为 Excel 的文档格式。然后用 Excel 打开这个文档并添加数据，保存文档后再通过 Data Studio 把这个 Excel 文档中的内容导入这个表中。比如，先把刚创建的空的报刊表的数据导出，然后在 Excel 中打开后会看到如图 4-15 所示的内容。

图 4-14 在 Data Studio 中成功输入
一条记录

由于报刊表是刚刚创建，还是空表，因此导出的 Excel 文档只有表头，没有具体数据。可以在表头对应的列中输入对应的期刊信息，如图 4-16 所示。

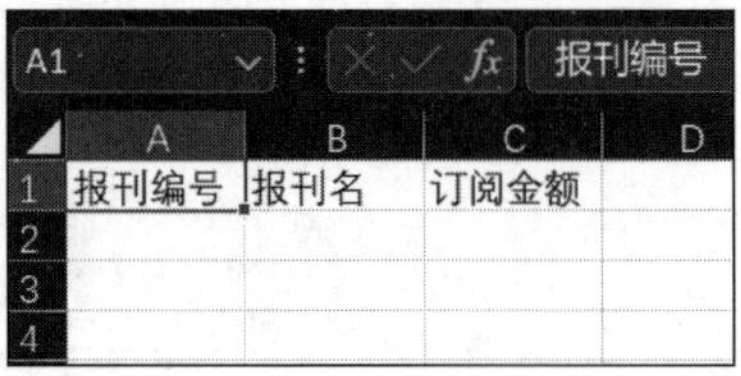

图 4-15　在 Excel 中打开 Data Studio 的导出结果 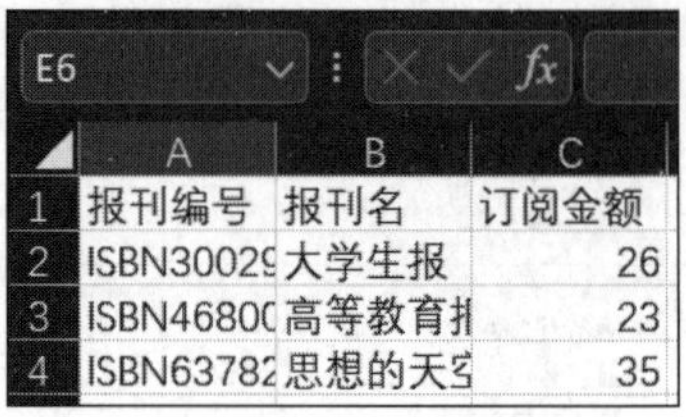　　图 4-16　在 Excel 中录入新数据

保存该 Excel 文档后，在 Data Studio 的对象浏览器中找到"报刊"表，右击，在右键菜单中选择"导入表数据"，并在弹出的窗口中选择刚才导出的 Excel 文件，最后单击"确定"按钮，应该可以看到导入成功的提示，如图 4-17 所示。

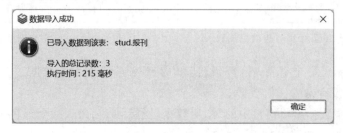

图 4-17　Data Studio 成功导入来自 Excel 的数据

通过 Data Studio 的数据查看功能可以看到，数据已经成功导入了，如图 4-18 所示。

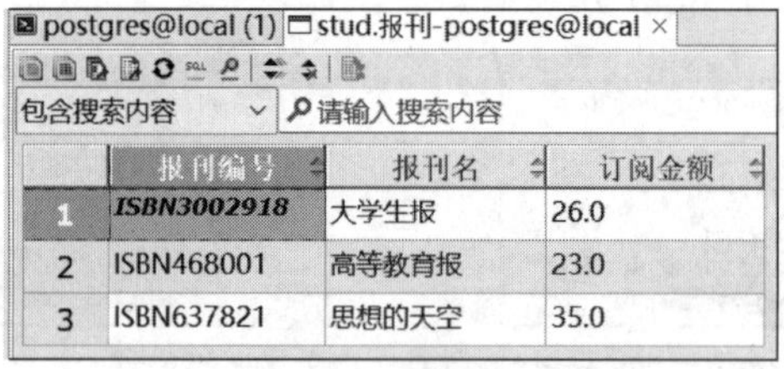

图 4-18　在 Data Studio 中查看导入的数据

目前，除"订阅"表外，其他 3 个表中都有了初始数据。我们可以通过后面将要开发的数据库 Web 程序来实现订阅功能，进而向"订阅"表中添加数据。

4.5　数据库应用程序设计

使用 3.4 节的方法，基于 Python 语言，运用 psycopg2 来连接并操作 openGauss 数据库，并运用 Gradio 来实现图形化的 Web 界面。

如果有较为复杂的功能要实现，一般要把应用程序分为数据层、业务逻辑层和界面层等多个层面来抽象和设计，这超出了本书的范畴。对于将要开发的这个应用程序而言，没有很复杂的逻辑和计算，比较简单。所以，本节的应用程序设计主要聚焦在两个方面：界面设计和程序关键结构的设计，而不会涉及复杂的分层抽象设计。对于初学者而言，这样的程序设计一般就足够了。

4.5.1　应用程序的界面设计

界面该怎么设计主要受制于两个因素：一是功能需求，二是界面开发工具的限制。我们将采用 Gradio 来实现界面,所以前期要调研 Gradio 的能力边界。它不擅长做复杂的界面,其优点是可以快速搭建功能比较单一的数据分析和展示界面。因此,在进行界面设计时,我们要回避复杂酷炫的界面元素。

我们在 3.4.6 节中学习了如何用 Gradio 创建登录界面,如何使用标签页、文本框、数字框、选项框和按钮。因此,这些界面元素都可以在设计中使用。但还缺少一个关键的界面元素,即能显示多行记录的表格控件。作者已经做过调研:发现 Gradio 内置了表格显示控件(网址详见前言二维码),可以用来实现基于表格控件的查询结果显示。因此,可以用来搭建界面的控件总共有如下几种:

(1) 登录界面(只支持用户名和密码的输入)。

(2) 列容器(Gradio 的 Column 对象,能以列方式排列子对象的界面容器,可控制可见性)。

(3) 标签页(Gradio 的 Tab 对象,在一个界面中可以有多个标签页,每个标签页内可以摆放不同的控件)。

(4) 文本框(Gradio 的 Text 对象,用来输入或显示一行或多行文本)。

(5) 数字框(Gradio 的 Number 对象,用来输入或显示一个数字)。

(6) 选项框(Gradio 的 Checkbox 控件,用来实现布尔型的勾选)。

(7) 按钮(Gradio 的 Button 对象,用来触发某个功能)。

(8) 表格(Gradio 的 Dataframe 对象,用来显示列表)。

我们只能选用这 8 个控件来设计界面。如何用这么少的控件实现一个数据库应用呢?这的确需要发挥我们的创意。让我们开始设计吧!

首先登录界面,可以像 3.4.6 节中那样用 Gradio 自带的登录界面,也可以用文本框和按钮搭建自定义的登录界面。无论如何实现,其界面大概如图 4-19 所示。

如果同学登录成功,按 4.2 节中的需求分析,他只能进行订阅这项操作。所以他应该能看到报刊列表,并进行多项选择,然后提交所做的选择。由于我们只能选用

图 4-19　登录界面设计图

上述 7 种控件,而且其中的表格控件并没有交互功能,只能展示列表数据而无法捕获用户的选择。因此,我们只能退而求其次,要求用户把所选的报刊编号写在文本框中,并用逗号来分隔多个报刊编号。这种交互方式肯定是不够理想的,但对于我们目前的条件而言,可能是较优的设计了。毕竟做任何事都是有限制的,要学会妥协。基于此,针对同学的订阅界面设计如图 4-20 所示。

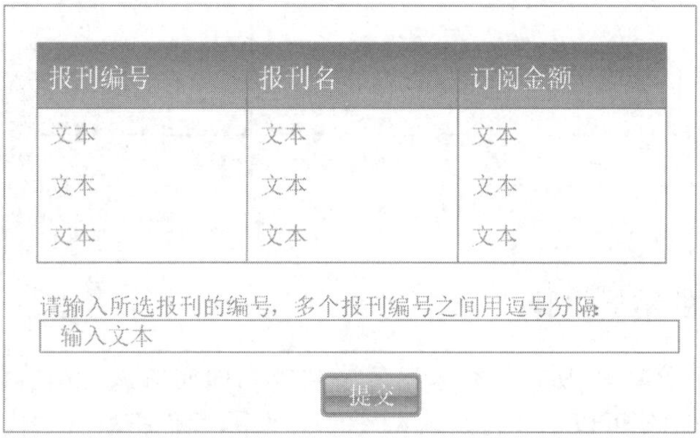

报刊编号	报刊名	订阅金额
文本	文本	文本
文本	文本	文本
文本	文本	文本

请输入所选报刊的编号,多个报刊编号之间用逗号分隔

输入文本

提交

图 4-20　订阅界面设计图

如果是老师登录成功,按 4.2 节中的需求分析,有 3 个主要功能可用,一是录入期刊信息,二是可以查看每位同学的订阅报刊列表,三是可以查看按照订阅量排序的报刊列表。我们可以用 3 个标签页来分别呈现这 3 个功能。对于录入报刊信息而言,可以参考 3.4.6 节中的方法,通过文本框和按钮就可以实现;对于查看每位同学的订阅报刊列表而言,需要一个文本框来输入同学的学号,一个表格控件来显示该同学的订阅信息;对于查看按照订阅量排序的报刊列表而言,这个最简单,因为几乎不需要任何交互,只需要一个表格来展示就可以了。下面分别给出这 3 个标签页的界面设计。

　　"添加报刊"界面如图 4-21 所示。

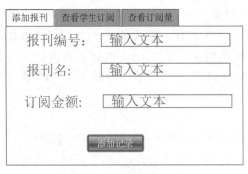

图 4-21　"添加"报刊界面设计图

　　"查看学生订阅"界面如图 4-22 所示。

图 4-22　"查看学生订阅"界面设计图

　　"查看订阅量"界面如图 4-23 所示。

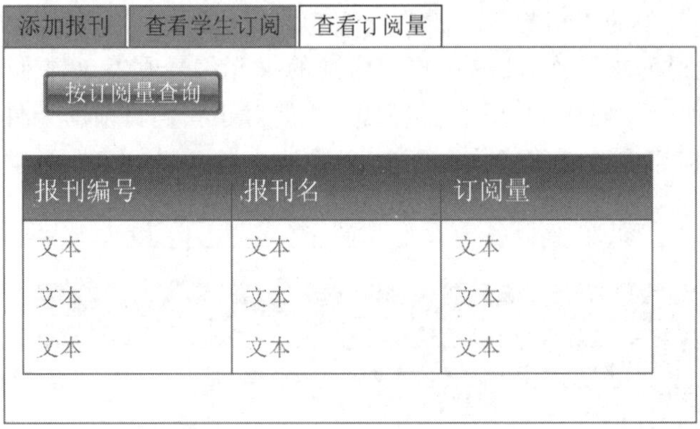

图 4-23　"查看订阅量"界面设计图

4.5.2　应用程序的结构设计

　　这个应用功能比较简单,所以无须采用分层抽象和面向对象的高阶设计方法。基本沿用 3.4.6 节中的程序结构就可以了。在 3.4.6 节的程序中,我们把所有的代码都写在一个.py 文件中,基本上就是流水账的顺序结构。概括来说,整个代码分为 3 个部分,如图 4-24 所示。

我们准备沿用这个结构来实现本章的程序。但要做一点改变，就是不再用全局变量保存 psycopg2 的 connect 对象。在 3.4.6 节中，我们用全局变量保存了 connect 对象，是希望在后续的数据交互逻辑中都复用这个对象，也就是说在程序的运行过程中数据库连接一直是打开的状态，自始至终没有关闭数据库连接。而且在反复调试程序的过程中，我们会多次重新启动程序，每次启动程序都会重新建立一个数据连接，所有这些数据库连接都没有被关闭，相关资源都没有被释放。这样做早晚会耗尽数据库服务器的连接资源，因为 openGauss 数据库的可用连接数是有上限的。

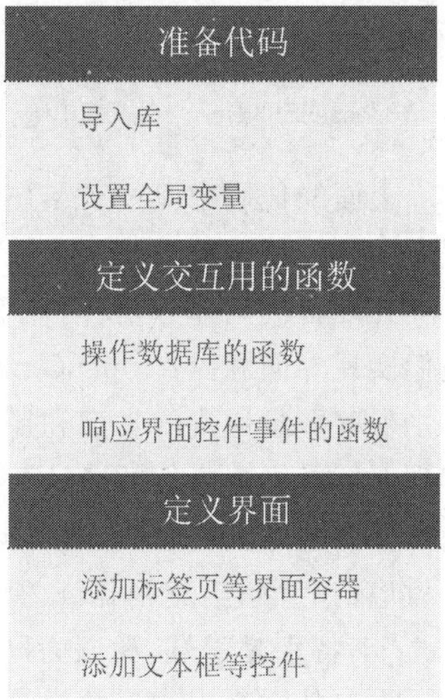

所以，我们最好采取即用即关的策略，即每次进行数据库操作之前才连接数据库，完成数据库操作后马上关闭数据库连接，并释放相关资源。这样做就可以避免耗尽数据库连接资源的问题，虽然也有增加了时间开销的问题，但总体上更安全。

| 准备代码 |
| 导入库 |
| 设置全局变量 |
| 定义交互用的函数 |
| 操作数据库的函数 |
| 响应界面控件事件的函数 |
| 定义界面 |
| 添加标签页等界面容器 |
| 添加文本框等控件 |

图 4-24　程序的结构示意图

为了实现登录后的权限控制，我们需要用全局变量保存登录用户的类型、学号或登录名信息。

至此，可以动手开发程序了。

4.6　数据库应用程序开发

4.6.1　程序结构概览

最终实现的程序与在 4.5.2 节中规划的一致，分为准备代码部分、定义交互用的函数部分和定义界面部分。如果把函数和 with 语句都折叠起来，代码结构如下：

```
# 准备代码部分
import gradio as gr
import psycopg2
user_type = None
user_id = None
# 定义交互用的函数部分
# 进行数据库连接并获得数据库连接对象，如果失败，则返回 None
def get_db_conn(): …
# 执行一条 SQL 语句
def run_sql(sql_str, paras, if_write): …
# 登录函数
def login_fn(name, password): …
# 得到报刊列表
def get_press_list(): …
# 提交订阅结果
def submit_subscription(sub_str): …
# 新增一条报刊信息
def add_a_press(press_id, press_name, sub_fee): …
# 得到某位学生的订阅历史列表
def get_stud_subs_list(stud_id): …
# 得到所有期刊的订阅量列表，并按照订阅量从大到小排序
def get_total_sub_count(): …
```

```
#定义界面部分
with gr.Blocks() as opengauss_demo:…
opengauss_demo.launch()
```

上面的代码中以"…"结尾的行都是经过折叠的，也就是说其内容被隐藏了。折叠后，整个程序的结构就比较清楚了。

在准备代码部分，我们在 Python 环境中导入了 Gradio 和 psycopg2 这两个包，分别帮助我们实现界面和操作 openGauss 数据库。此外，还定义了两个全局变量 user_type 和 user_id，分别保存登录用户的类型和用户名，这两个变量的值是在登录过程中被赋值的，用来在登录后实现对登录用户身份的确认。其中 user_type 是指同学和老师这两种类型。而 user_id 对于老师保存的是其登录名，对于同学保存的是其学号。知道了用户类型，我们就可以为用户显示他对应的界面，毕竟根据 4.2 节的分析，同学和老师所能使用的系统功能是不同的。知道了 user_id，特别是学号，我们为同学实体实现订阅功能时才能明确是在给谁订阅。

在定义交互用的函数部分，我们定义了 8 个函数，它们分为两类：一类只与数据库操作有关，而与界面无关；另一类则主要与界面响应有关，而不直接操作数据库。前者包括 get_db_conn 和 run_sql 这两个函数，后者包括其他 6 个函数。它们的功能实现会在后面的章节中逐个说明。

在定义界面部分，其形式与 3.4.6 节非常相似。都是通过创建一个 Gradio 的 Blocks 对象来开启界面的具体定义，然后通过这个 Blocks 对象的 launch 函数来启动整个界面的运行。与 3.4.6 节不同的是，这里没有给 launch 函数传入 auth 参数，说明没有使用 Gradio 内置的登录机制，而是另外开发了自定义的登录界面，这样做的原因跟 Gradio 在交互性方面的局限性有关，具体请看下一节内容。

视频讲解

4.6.2　难点 1：如何控制界面控件的可见性并动态更新控件内容

Gradio 这个界面工具在交互性方面还是有比较大的局限的。熟悉图形界面的读者可能知道，在图形界面的内核中有一个消息循环，就像人的心脏一样不停运转，每循环一次，都会从消息队列中提取一个消息并触发对应的消息处理函数来处理该消息。而消息一般就是操作系统捕获的用户操作事件，可能是用户单击了一个按钮，也可能是选择了一个菜单，等等。这些事件一般对应用户的操作意图和发出的指令。所以，成熟的界面工具，比如 Qt、Winform 等都会为每个控件设计很多可以被操作系统捕获的事件。程序开发人员通过编写针对这些事件的消息处理函数来实现种类丰富的界面交互。但 Gradio 中界面控件的可用响应事件目前（2022 年 11 月）还很有限，对于前面提到的 8 个 Gradio 界面控件而言，只有按钮控件的单击事件比较符合我们的需求。其交互性不足的问题可能有两个原因：首先，Gradio 并不是为了取代现有的成熟界面工具而生的，它是针对人工智能和机器学习而设计的。其宗旨是能够快速搭建具有数据输入、处理和基本显示能力的界面库，简单、易用、基本够用是其特点。如果本书采用 Qt 或 Winform 这样成熟的界面工具，由于其比较复杂，需要花费很多篇幅来讲解其基本用法，这样会偏离我们的中心任务。其次，Gradio 还很年轻，今后的发展潜力和空间还很大。推荐读者以后多用 Gradio 这样轻便易用的 Web 界面开发工具，因为学起来比较简单，而且用户使用起来也比较方便。

对于前面提到的 8 个界面控件而言，只有按钮控件的单击事件比较符合我们的需求。所以，我们就以 Button 对象的 click 事件作为牵引来实现所有的界面交互，比如登录后根据用户类型来选择显示不同的界面，老师输入同学学号后刷新列表来显示对应学生的订阅历史信息等。换句话说,只要想让界面根据用户指令而发生动态变化,就用 Button 的 click 事件来驱动实现。在 4.6.1 节末尾提到,本章代码没有使用 Gradio 内置的登录机制,而是自定义了登录界面。之所以这样做,是因为 Gradio 内置的登录界面是封闭的,在代码中不可访问其内部的按钮对象,无法使用其 click 事件来编写对应的消息处理代码,比如根据用户类型的不同来切换不同的界面。

现在介绍 Button 对象的 click 事件该如何使用。在 3.4.6 节中已经使用过 Button 对象的 click 的事件,当时是这样用的:

```
add_btn = gr.Button("添加")
add_btn.click(fn = add_customer,
              inputs = [name,phone,birthday,is_married,savings],
              outputs = msg)
```

即先创建一个按钮对象,保存在变量 add_btn 中。然后通过这个变量访问按钮的 click 函数,通过这个函数把按钮的 click 事件与 add_customer 这个自定义的消息处理函数关联起来,即一旦系统侦测到用户单击了该按钮,就会调用 add_customer 函数来处理该事件。click 函数中的后面两个参数 inputs 和 outputs 分别代表传给 add_customer 函数的输入参数和 add_customer 函数的返回值所影响的界面控件。这里写的 msg 是指一个文本框控件,用来显示 add_customer 函数的返回值,即该函数的数据库操作是否成功。

要实现对界面的动态更新,最关键的是按钮对象的 click 函数的第三个参数 outputs。在上一段例子中,这个 outputs 参数的值是一个文本框对象。而 add_customer 函数的返回值也恰巧是字符串类型,Gradio 会自动把其返回值转换成文本框中的文本来刷新显示。虽然这里的 outputs 参数只对应一个控件,但 Gradio 支持把多个界面控件组成列表赋值给 outputs 参数,实现通过一个按钮的 click 事件来同时刷新多个控件内容;而且除可刷新控件的内容外,还能改变控件的可见性,进而动态地显示或隐藏某些控件,实现多个界面的切换效果,比如从登录界面切换到同学订阅界面,或者切换到老师查询界面。

下面通过一个具体的例子说明如何实现通过按钮的 click 事件来更改多个控件的值和可见性。

假设我们先定义了一个文本框控件,接着又定义了一个 Column 容器和一个 Markdown 类型的子控件,要求初始时这个 Column 容器不可见。最后定义了一个按钮控件。我们希望在用户单击这个按钮后,在文本框中显示 ok 字样,并显示这个 Column 容器。这就意味着该按钮的 click 事件要同时影响两个控件的内容和状态。其实现代码如下:

```
import gradio as gr

def click_handler():
    return {text1:'ok', column1:gr.update(visible = True)}

with gr.Blocks() as click_demo:
    text1 = gr.Text()
    with gr.Column(visible = False) as column1:
        gr.Markdown('开始被隐藏')
    btn = gr.Button('单击我')
    btn.click(fn = click_handler, inputs = [],
            outputs = [text1,column1])

click_demo.launch()
```

如果运行这段程序,则程序启动时看到的界面如图 4-25 所示。

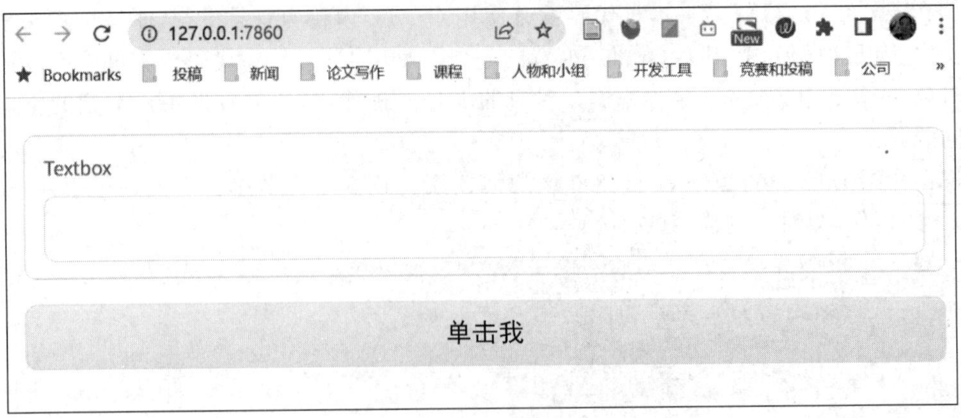

图 4-25　启动界面

单击按钮后的界面如图 4-26 所示。

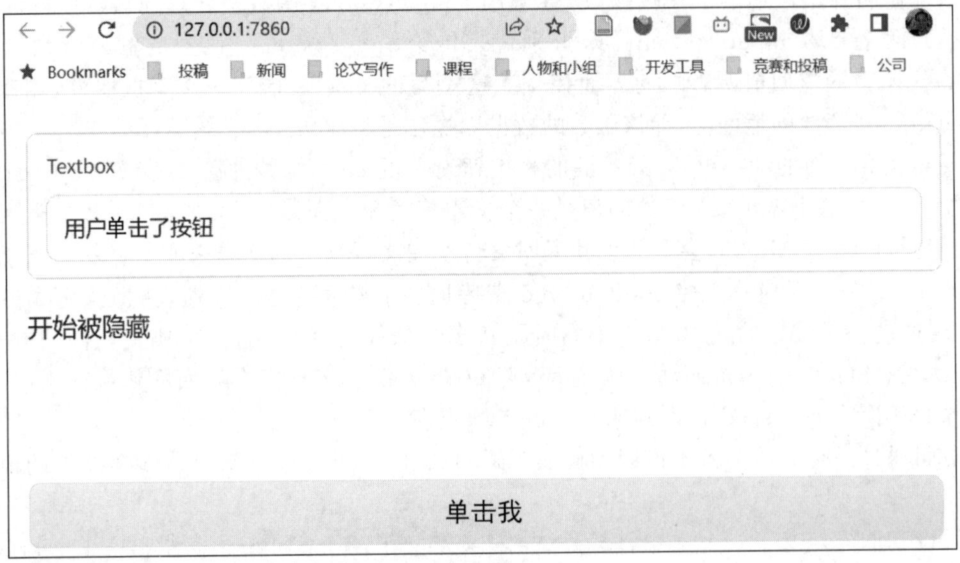

图 4-26　按钮事件激发后的界面

可见按钮的单击事件引发了文本框内容的改变,并且显示了原先隐藏的界面控件。现在,让我们来分析这段代码的关键点。

(1) 在定义 Gradio 的 Column 对象时,给 Column 函数传入了一个名为 Visible 的参数,该参数的值设为 False,使得该 Column 界面容器在一开始是不可见的。这个 Visible 参数对应 Column 对象的 Visible 属性,很多控件都有这个属性,比如 Column 容器、文本框控件等。通过给这个属性赋值 True 或 False 可以控制该容器或对象的可见性。但也有一些控件没有这个属性,比如 Tab 容器。因此,可以把 Tab 容器创建为 Column 的子对象,目的是通过控制 Column 的可见性来显示或隐藏 Tab 容器。

(2) 在按钮 btn 的 click 函数中,我们给 Inputs 参数赋值空列表"[]",意思是这个按钮的单击事件的处理函数不需要输入参数。

(3) 在按钮 btn 的 click 函数中,我们给 Outputs 参数赋值了一个包含两个对象元素的列表,意思是这个按钮的单击事件在运行结束时影响这两个对象的内容或外观。

(4) 对于按钮的 click 函数,无论是 Inputs 参数还是 Outputs 参数都可以接收空列表或包含多个对象的列表。

（5）函数 click_handler 是按钮 click 事件的消息处理函数。函数 click_handler 的返回值是一个字典型变量，其中包含 2 个元素，分别对应按钮的 click 函数中 Outputs 参数的 2 个列表项。之所以使用字典型变量作为函数 click_handler 的返回值，一方面是因为它可以包含多个元素，对应多个可能被更新的控件；另一方面是因为可以通过字典的 key 值明确每个字典元素分别对应哪个要被更新的控件，这样可以避免在元素较多时搞错与 click 函数中 Output 参数中列表项的对应关系。这个字典型的返回值包含的元素数可以等于或少于 click 函数中 Outputs 参数的列表项数。在这段代码中，两者是相等的。

（6）column1:gr. update(visible＝True)这行代码的作用是通过调用 Gradio 的 update 函数实现对 column1 这个界面容器的 visible 属性的更新。该属性初始时被设置为 False，因此 column1 在初始时是被隐藏的，而在函数 click_handler 运行结束后，通过这个返回值设置实现了对 column1 的显示。可以通过 Gradio 的 update 函数实现对相应界面对象的任意可用属性的设置。比如代码中的 text1:'ok'就是 text1:gr. update(value＝'ok')的简写。

通过上述方法，可以基于按钮的 click 事件来驱动各类界面对象的内容和状态发生变化，进而增强界面的交互性，比如在登录后，如果用户是同学类型，就隐藏登录界面对象，并显示与同学所用功能有关的界面对象，进而实现界面的切换显示。

4.6.3 难点2：如何用SQL进行跨表统计查询

视频讲解

在老师功能中，需要实现"查询包含了订阅量的期刊信息列表，并按照订阅量的降序排列期刊信息"。订阅量在数据库中是不存在的，需要我们统计计算；而订阅信息存放在"订阅"表中，报刊信息存放在"报刊"表中。这就意味着我们要进行跨 2 个表的查询，而且要对查询结果进行分类统计。所谓分类统计，就是分不同的报刊分别统计其订阅量。如何用 SQL 实现这个功能呢？对于初学者而言，这算是一个比较难的任务了。

针对这个任务的 SQL 编写方法不是唯一的。我们采用一种相对容易理解的方式，所用的技巧基本上都在第 2 章中提到过，比如连接查询、基于 AS 子语句的别名、基于 Group by 的分组计算、基于 Order by 的排序。请看如下代码：

```
SELECT 报刊.报刊编号, 报刊.报刊名, B.cnt
FROM 报刊
INNER JOIN (
SELECT 报刊.报刊编号 AS id, COUNT(订阅.报刊编号) AS cnt
FROM 报刊
LEFT JOIN 订阅
ON 订阅.报刊编号 = 报刊.报刊编号
GROUP BY 报刊.报刊编号
)AS B
ON 报刊.报刊编号 = B.id
ORDER BY B.cnt DESC
```

在这段 SQL 代码中，我们在"报刊"表内连接了一个别名为 B 的表，而这个 B 表是通过一条 SELECT 语句临时创建的，这是以前没有介绍过的用法。这个临时的 B 表负责统计每种期刊的订阅量。下面让逐一分析其中的要点。

（1）括号内的 SELECT 语句主要负责统计每种报刊的订阅量。它是左外连接（LEFT JOIN）的结构。左表是报刊表，右表是订阅表。通过左外连接，可以保留左表中的所有项，也就是所有报刊无论是否被订阅都需要被查询到。

（2）括号内的 SELECT 语句用了基于 GROUP BY 的分类统计。分类是基于"报刊. 报刊编号"的，也就是分不同的报刊来统计订阅量。括号内的 SELECT 语句查询的字段就是"报刊. 报刊编号"和订阅统计量，其中的"报刊. 报刊编号"就对应 GROUP BY 后面的"报刊. 报刊编号"。这里容易犯的错误是在括号内的 SELECT 后面不仅写"报刊. 报刊编号"，还写"报刊. 报刊名"，试图用一条 SELECT 语句就完成任务。这样做是不行的，因为这条 SELECT 语句是基于 GROUP BY 对"报刊. 报刊编号"进行分类统计的，所以 SELECT 语句后面获得的"报刊. 报刊编号"对于每组而言合并成一个数值，而对于"报刊. 报刊名"而言则没有合并，可能是多个数值，因此这两个字段符合条件的记录数此时可能不一致，无法放在一起被查询。而括号内的 SELECT 后面之所以可以跟 COUNT（订阅. 报刊编号），是因为分类统计后，对于每组而言，COUNT 函数计算出的也是一个值，与此时的"报刊. 报刊编号"的记录数一致，因此可以放在一起查询。

（3）括号外的 SELECT 语句是个内连接（INNER JOIN）结构。这是因为左表是"报刊"表，右表是虚拟表 B，而 B 表是基于左外连接创建的，它包含所有报刊的订阅量查询结果，用内连接就足够查阅所有的报刊名和对应的订阅量了。

（4）除用 AS 子语句给括号内的 SELECT 语句产生的查询结果起了别名外，也给其查询字段起了别名。这些字段别名都用很短的英文来表示，分别被使用到了括号外查询语句的 ON 和 ORDER BY 部分，起到了简化代码撰写的作用。

对于初学者而言，这段 SQL 指令是比较复杂的，理解起来也不轻松。这是很正常的，我们需要多练习、多思考，熟能生巧。

4.6.4 数据库操作的封装

按照 4.5.2 节的分析，我们打算采取即用即关的策略，就是每次操作数据库都需要重新连接数据库，用完马上关闭数据库连接，以避免由于没有及时关闭导致数据库连接资源耗尽的问题。考虑到在数据库操作中，我们需要创建 psycopg2 的 connect 对象和 cursor 对象，还需要处理异常，并关闭数据库连接。如果每次查询或修改数据库都需要进行这些操作，会产生很多重复代码，写起来也很麻烦。因此，考虑把这些类似的操作封装为一个函数，把每次变化的部分（主要是 SQL 语句）设置为可变的输入参数，详细代码如下：

```python
# 连接数据库函数
def get_db_conn():
    try:
        conn = psycopg2.connect(database = "postgres",
                    user = 'stud', password = 'Study@2023',
                    host = "127.0.0.1", port = "15432")
    except psycopg2.Error as e:
        return None
    else:
        return conn
# 执行一条 SQL 语句函数
def run_sql(sql_str, paras, if_write):
    conn = get_db_conn()
    if conn is None:
        return None, "无法连接数据库"

    cur = conn.cursor()
    err_str = ""
```

```
        rows = None
        try:
            cur.execute(sql_str,paras)
            if if_write:
                conn.commit()
        except psycopg2.Error as err:
            err_str = str(err)
        else:
            if if_write == False:
                rows = cur.fetchall()

        cur.close()
        conn.close()

        return rows, err_str
```

我们封装了2个函数,其中函数 get_db_conn 负责连接数据库,并获得数据库连接对象,如果失败,则返回 None;函数 run_sql 则是在前者的基础上执行一条 SQL 指令,其输入参数有3个,分别是包含 SQL 指令的字符串 sql_str、包含 SQL 指令中待定参数的元组 paras 和指示该 SQL 指令是否会更改表结构或者数据的布尔型变量 if_write。其输出参数有2个,分别代表该 SQL 指令的查询结果 rows 和包含数据库操作错误信息的字符串 err_str。如果输入参数 if_write 是 True,则 rows 返回值是 None,因为此时不是查询,不返回具体数据;如果函数运行过程中没有遇到错误,则 err_str 是空字符串。所以调用这个函数的代码可以通过 err_str 是否为空来判断这个函数是否执行正常。

函数 get_db_conn 只被函数 run_sql 调用,而不会被其他部分的代码直接调用。其他部分的代码都是与界面有关的,只需要调用 run_sql 函数通过 SQL 指令来传达对数据库操作的意图即可,而无须直接操作数据库。通过这样的方式,实现了数据库逻辑和界面逻辑在一定程度上的分离,减少了开发过程中的复杂性。

这段代码中所用到的技术都在3.4.5节中讲解过了,请读者自行参考。

4.6.5　登录功能的实现

登录功能是系统启动后首先呈现给用户的功能。我们自定义了一个登录界面,相关代码在4.6.1节定义界面部分的"with gr.Blocks() as opengauss_demo:"下方比较靠后的位置,具体代码如下,其中与同学界面和老师界面有关的代码用"…"符号折叠隐藏了。

```
with gr.Blocks() as opengauss_demo:
    gr.Markdown('# 欢迎使用报刊订阅系统')

    with gr.Column(visible = False) as stud_ui:…

    with gr.Column(visible = False) as teacher_ui:…

    with gr.Column() as login_ui:
        login_info = gr.Markdown('请首先登录')
        login_name = gr.Text(label = '用户名')
        login_pwd = gr.Text(label = '登录密码')
        login_btn = gr.Button('登录')

        login_btn.click(fn = login_fn,
```

```
            inputs = [login_name,login_pwd],
            outputs = [login_ui, stud_ui,teacher_ui,login_info,
                        stud_dataframe])
```

从中可见,首先定义了一个 Markdown 对象用来显示一段欢迎用户的静态文本,然后分别创建了两个 Column 类型的界面容器,分别包含与同学和老师有关的界面控件。不过这两个界面容器的 visible 属性都被置为 False,因为我们想在程序启动时隐藏它们,而只显示与登录有关的控件。待登录成功后,再用 4.6.2 节中的技术来有选择地显示它们。

与登录有关的控件被放置在一个名为 login_ui 的 Column 容器中,这个容器的 visible 属性没有被设置,因此是默认显示的。在这个容器中分别放置了提示文本、用于输入用户名的文本框、用来输入密码的文本框和用来触发登录逻辑的按钮。通过该按钮的 click 函数中的参数可以看出,按钮的 click 事件会激发一个名为 login_fn 的消息处理函数,它的内容后面会列出来。该消息处理函数需要两个输入参数 login_name 和 login_pwd,分别代表用户名文本框和密码文本框中的内容;该消息处理函数的返回值会影响 login_ui、stud_ui、teacher_ui、login_info 和 stud_dataframe 这 5 个界面对象的内容或外观。其中 login_ui 是登录界面所对应的 Column 容器,stud_ui 是同学界面所对应的 Column 容器,teacher_ui 是老师界面所对应的 Column 容器,login_info 是登录界面中用于提示的 Markdown 控件,stud_dataframe 是同学界面中默认会显示报刊列表的 Dataframe 控件。

为什么这个按钮的消息处理函数会影响多达 5 个界面对象的内容或外观呢? 让我们逐一分析。

(1) 登录结果要影响 login_ui 的可见性。因为一旦登录成功,我们需要隐藏 login_ui,即隐藏登录界面,换成显示对应的同学界面或老师界面,从而实现界面切换的效果。

(2) 登录结果要影响 stud_ui 的可见性。因为一旦登录成功,如果用户类型是同学,我们需要把原先隐藏的 stud_ui 变成可见状态,从而让同学用户可以执行订阅功能。

(3) 登录结果要影响 teacher_ui 的可见性。因为一旦登录成功,如果用户类型是老师,我们需要把原先隐藏的 teacher_ui 变成可见状态,从而让老师用户可以执行相关功能。

(4) 登录结果要影响 login_info 的文本内容。因为一旦登录出错,比如用户名或密码不对,我们需要通过 login_info 中的文本来向用户反馈这一错误,并提示他修改后重新登录。

(5) 登录结果要影响 stud_dataframe 的表格内容。因为一旦登录成功,如果用户类型是同学,我们需要在显示同学界面时立即显示现有的报刊列表,供同学进行选择和订阅。

基于上述分析,我们再来看按钮的消息处理函数 login_fn 的内容:

```
#登录函数
def login_fn(name, password):
    global user_type
    global user_id

    sql_str = """
SELECT 学号 FROM 同学
WHERE 学号 = % s AND 登录密码 = % s
"""
    rows, err_str = run_sql(sql_str, (name, password), False)

    if len(err_str) == 0 and len(rows)> 0:
        user_type = '同学'
        user_id = rows[0][0]
```

```
else:
    #再尝试在老师表中查找
    sql_str = """
    SELECT 登录名 FROM 老师
    WHERE 登录名 = % s AND 登录密码 = % s
    """
    rows, err_str = run_sql(sql_str, (name, password),
                            False)

    if len(err_str) == 0 and len(rows) > 0:
        user_type = '老师'
        user_id = rows[0][0]

if user_type is not None:
    if user_type == '同学':
        press_lst = get_press_list()
        return {login_ui:gr.update(visible = False),
                stud_ui:gr.update(visible = True),
                stud_dataframe:gr.update(value = press_lst)}
    else:
        return {login_ui:gr.update(visible = False),
                teacher_ui:gr.update(visible = True)}
else:
    return {
        login_info:gr.update(value = '输入信息有误,请重新输入')
    }
```

这段代码比较长,因为它进行了 2 次数据库查询,并根据用户类型设置了不同界面的刷新效果。

在函数的一开始,它声明了两个全局变量 user_type 和 user_id,分别用来保存登录用户的类型和用户名。其中 user_type 是指同学和老师这两种类型。而 user_id 对于老师保存的是其登录名,对于同学保存的是其学号。知道了用户类型,就可以给用户显示他对应的界面了。

然后,调用 run_sql 函数进行了第一次数据库查询,在同学表中搜寻是否有与登录名和密码匹配的记录。如果找到了,则登录成功,而且说明用户类型是同学,user_id 可以记为对应的学号。这里学号是 rows[0][0],代表查询结果列表中第一条记录中的第一个字段值。因为从此处的 SQL 语句可知,我们是根据同学表的主键学号来查询的,所以,如果发生匹配,则一定只返回一条记录,这是第一个 0 的来历;而且 select 后面第一个字段就是学号,所以查询结果中的第一个列表项就是学号,这是第二个 0 的来历。

如果查询没找到任何记录(不满足 len(rows) > 0),也不能说登录失败,因为也可能是老师在登录。因此,随后又调用 run_sql 函数进行了第二次数据库查询,在老师表中搜索是否匹配。如果还是没找到,才能确定登录失败了,此时通过返回值来修改 login_info 控件的文本内容,提示用户重新登录。如果登录成功了,则通过用户类型和返回值设置对应界面显示,并隐藏登录界面。对于成功登录的同学用户而言,该函数的返回值有 3 个,因为除要隐藏登录界面、显示同学界面外,还需要更改同学界面中 dataframe 的值,让其显示报刊列表。而报刊列表是通过调用函数 get_press_list 实现的,该函数的内容如下:

```
#得到报刊列表
def get_press_list():
    sql_str = """
```

```
SELECT 报刊编号,报刊名,订阅金额
FROM 报刊
"""
rows, err_str = run_sql(sql_str, (), False)

return rows
```

这段代码是通过调用 run_sql 函数来执行查询的。这里的 SQL 指令都比较简单,此处就不赘述了。对于 SQL 指令如何编写,请参考第 2 章的系统讲解,并参考 4.6.3 节对比较复杂的查询任务的实现思路。

4.6.6 同学订阅报刊功能的实现

同学用户成功登录后,只能进行订阅操作,功能单一,所以其界面实现还是比较简单的。首先来查看它的界面定义部分的代码("…"处折叠了与老师界面和登录界面有关的代码):

```
with gr.Blocks() as opengauss_demo:
    gr.Markdown('# 欢迎使用报刊订阅系统')

    with gr.Column(visible = False) as stud_ui:
        gr.Markdown('欢迎进行订阅')
        stud_dataframe = gr.DataFrame(
                headers = ['报刊编号','报刊名','订阅金额'],
                datatype = ['str','str','number'])
        stud_subscrips = gr.Text(
            label = '请输入所选报刊的编号,多个编号之间用英文逗号分隔:')
        stud_submit_btn = gr.Button('提交')
        stud_submit_btn.click(fn = submit_subscription,
                inputs = stud_subscrips,
                outputs = stud_submit_btn)

    with gr.Column(visible = False) as teacher_ui: …
    with gr.Column() as login_ui: …
```

从中可见,同学界面是通过名为 stud_ui 的 Column 容器来实现的,由于其 visible 属性被设为 False,所以该界面是默认被隐藏的。在这个容器的内部,首先定义了一个 Markdown 控件显示欢迎词,又定义了一个 Dataframe 控件 stud_dataframe 来显示报刊列表,然后定义了一个文本框 stud_subscrips 请用户输入其所选报刊的报刊编号,最后定义了一个用来触发订阅逻辑的按钮 stud_submit_btn。这个按钮的 click 事件的消息处理函数是 submit_subscription,其内容我们稍后分析。这个消息处理函数 submit_subscription 需要接收一个参数,就是代表一串由英文逗号分隔的报刊编号字符串,也就是 stud_subscrips 文本框中的内容;其返回值会影响一个控件的内容或外观,这个控件就是按钮 stud_submit_btn,因为在执行订阅这个数据库操作时,我们想直接通过这个按钮的标题文本来显示数据库操作是否成功,这样就不需要另行创建和维护用于显示操作结果的控件了。

Dataframe 这个控件我们是初次使用。这里在定义它时设置了 2 个参数：headers 和 datatype,分别表示将要显示的表格中的表头标题和表格中每列数据的类型。这两个参数都是列表类型,且列表中的元素数是一样的,根据其内容可知,'报刊编号'和'报刊名'列都将存放字符串类型的数据,而'订阅金额'列中将要存放数值型的数据。

消息处理函数 submit_subscription 的内容如下:

```
# 提交订阅结果
def submit_subscription(sub_str):
    global user_id
    press_id_lst = sub_str.split(',')

    # 首先判断该同学本学期是否已经订阅过(90天内)
    sql_str = """
SELECT 学号 FROM 订阅
WHERE 学号 = % s AND extract(day from now() - 订阅时间)< 90
"""
    rows, err_str = run_sql(sql_str, (user_id,), False)

    if len(err_str) == 0 and len(rows) == 0:
        # 执行订阅
        for press_id in press_id_lst:
            sql_str = """
                INSERT INTO 订阅(学号,报刊编号,订阅时间)
                VALUES ( % s, % s,NOW())
                """
            rows, err = run_sql(sql_str, (user_id, press_id),
                                    True)
            if len(err)> 0:
                err_str = err

        if len(err_str) == 0:
            return {
                stud_submit_btn:gr.update(value = '您已订阅成功!')}
        else:
            return {stud_submit_btn:gr.update(value = '数据库操作有误,是否填写了重复的报刊编
号?请修改后重新提交')}
    else:
        return {stud_submit_btn:
                gr.update(value = '您本学期已经订阅过,不能再订阅了')}
```

这段代码也比较长,因为其中执行了2次数据库操作。第一次查询是为了核实该用户是否已经进行过本学期的订阅,因为根据4.2节的分析,每位同学在每个学期只能进行一次订阅。只有当第一次查询不到结果时,才会通过第二条SQL语句来执行向"订阅"表添加记录的操作。随后根据不同的数据库操作结果来设置返回值,主要就是更改按钮上的标题文本。

这个函数在起始部分声明了全局变量user_id,因为user_id应该在登录时就存储了当前用户的学号,而学号是"订阅"表的一个非空字段,是我们进行订阅操作所必需的信息。随后,通过调用Python的字符串类型的split函数从用户输入的报刊编号列表中切分出不同的报刊编号。split函数的参数设为",",即英文逗号,这是因为我们要求用户用英文逗号来分隔不同的期刊编号。

这段代码中的第一个SQL语句中出现了对时间的计算"extract(day from now()-订阅时间)<90"。其中extract和now是openGauss中的两个内置函数。now函数用于返回当前时间,以年-月-日-小时-分钟格式存放。"now()-订阅时间"可以求出当前时间与"订阅时间"字段值所表示的时间之间的时间跨度,即使用两个date类型值之差代表两者的时间跨度。而函数extract(day from…)可以从"…"所代表的时间跨度值中提取其所代表的天数。所以"extract(day from now()-订阅时间)<90"可以判断本次订阅是否与已有订阅之间相距90天,如果小于90天,我们就认为在一个学期内重复订阅了,否则认为没有重复订阅。

4.6.7　老师添加报刊功能的实现

老师添加报刊功能是老师所能使用的 3 个功能之一,我们计划把它设为老师界面中的第一个标签页,即默认呈现给老师的界面。首先来看其界面定义部分的代码("…"处折叠了与同学界面、登录界面以及老师的其他功能有关的代码):

```
with gr.Blocks() as opengauss_demo:
    gr.Markdown('# 欢迎使用报刊订阅系统')

    with gr.Column(visible = False) as stud_ui:…

    with gr.Column(visible = False) as teacher_ui:
        with gr.Tab('添加报刊'):
            press_id = gr.Text(label = '报刊编号')
            press_name = gr.Text(label = '报刊名')
            subscription_fee = gr.Number(label = '订阅金额')
            add_press_btn = gr.Button('添加')
            add_press_btn.click(fn = add_a_press, inputs = [press_id, press_name, subscription_
fee],
                    outputs = [add_press_btn])
        with gr.Tab('查看学生订阅'):…
        with gr.Tab('查看订阅量'):…

    with gr.Column() as login_ui:…
```

从中可见,老师界面是通过名为 teacher_ui 的 Column 容器来实现的,由于其 visible 属性被设为 False,因此该界面也是默认被隐藏的。在这个容器的内部有 3 个 Tab 容器,分别对应老师能使用的 3 个功能。其中第一个 Tab 容器就对应当前功能。在这个 Tab 容器内部,有一个用于获得报刊编号的文本框 press_id,一个用于获得报刊名的文本框 press_name,一个用户获得订阅金额的数值框 subscription_fee,一个用于触发添加期刊记录的按钮 add_press_btn。这个按钮通过一个名为 add_a_press 的函数来处理 click 事件。这个消息处理函数的输入有 3 项信息,分别是 press_id 文本框中的报刊编号、press_name 文本框中的报刊名和 subscription_fee 数值框中的订阅金额。这 3 项信息对应"报刊"表中的 3 个字段。这个消息处理函数的输出只有一个对象,即按钮,其作用与 4.6.6 节中类似,也是在按钮标题上显示相关数据库操作是否成功。

消息处理函数 add_press_btn 的具体代码如下:

```
# 新增一条报刊信息
def add_a_press(press_id, press_name, sub_fee):
    sql_str = """
    INSERT INTO 报刊(报刊编号,报刊名,订阅金额)
    VALUES( %s, %s, %s);
    """
    rows, err_str = run_sql(sql_str,
                        (press_id, press_name, sub_fee), True)
    if len(err_str) > 0:
        return {add_press_btn:gr.update(value =
                    '添加出错,请检查报刊编号是否有重复,修改后再试')}
    else:
        return {add_press_btn:
                    gr.update(value = '成功添加,可继续添加')}
```

这段代码中的 SQL 指令是个典型的 INSERT 命令,也是通过 run_sql 函数来运行的,并通过返回值 err_str 是否为空来判断添加操作是否成功,最后通过更新按钮的标题文本来向用户反馈命令的执行结果。

4.6.8 老师查看同学订阅历史功能的实现

根据 4.5.1 节的界面设计,我们需要给"查看学生订阅"界面添加一个文本框用于获取目标同学的学号,并通过一个按钮来触发数据库查询操作,最后需要一个列表控件来显示查询结果。让我们来看其界面定义代码是否与刚才的分析相符("…"处折叠了与同学界面、登录界面以及老师的其他功能有关的代码):

```
with gr.Blocks() as opengauss_demo:
    gr.Markdown('# 欢迎使用报刊订阅系统')

    with gr.Column(visible = False) as stud_ui: …

    with gr.Column(visible = False) as teacher_ui:
        with gr.Tab('添加报刊'): …

        with gr.Tab('查看学生订阅'):
            teacher_stud_id = gr.Text(label = '同学学号')
            teacher_check_stud_btn = gr.Button('查看其订阅')
            teacher_stud_dataframe = gr.DataFrame(
                headers = ['姓名','报刊名','订阅时间'],
                            type = ['str','str','str'])
            teacher_check_stud_btn.click(fn = get_stud_subs_list,
                inputs = [teacher_stud_id],
                outputs = [teacher_stud_dataframe])

        with gr.Tab('查看订阅量'): …

    with gr.Column() as login_ui: …
```

与 4.5.7 节中的代码相似,本功能的界面定义代码也是位于名为 teacher_ui 的 Column 容器下方,是由一个标题为"查看学生订阅"的 Tab 容器组成的。在这个容器中,确实如前一段代码分析的那样,包含一个用于保存学号的文本框 teacher_stud_id、用于触发查询操作的按钮 teacher_check_stud_btn 和一个显示查询结果的 Dateframe 类型的列表 teacher_stud_dataframe。

teacher_check_stud_btn 按钮通过一个名为 get_stud_subs_list 的函数来处理 click 事件。这个消息处理函数的输入只有一项信息,即文本框 teacher_stud_id 中的学号。根据学号就能查询对应学生的订阅记录。这个消息处理函数的输出只有一个对象,即显示查询结果的列表 teacher_stud_dataframe,通过这个列表是否为空就能够向用户反馈查询结果,无须再像 4.6.7 节和 4.6.6 节那样通过按钮的标题文本来反馈信息。

消息处理函数 get_stud_subs_list 的具体代码如下:

```
# 得到某位学生的订阅历史列表
def get_stud_subs_list(stud_id):
    sql_str = """
    SELECT 同学.姓名, 报刊.报刊名, 订阅.订阅时间
    FROM 报刊
```

```
        INNER JOIN 订阅
        ON 报刊.报刊编号 = 订阅.报刊编号
        INNER JOIN 同学
        ON 订阅.学号 = 同学.学号
        WHERE 同学.学号 = % s
        """
        rows, err_str = run_sql(sql_str, (stud_id,), False)
        if len(rows) == 0:
            rows = None
        return {teacher_stud_dataframe:gr.update(value = rows)}
```

其中的 SQL 语句看起来比较复杂，因为它包含两个内连接（INNER JOIN），作用是实现跨 3 个表的查询。为什么要跨 3 个表呢？因为要查询某位同学的订阅信息，首先要知道谁订阅了什么，这方面的信息在"订阅"表中；但订阅表只有学号和报刊编号，没有同学的姓名和报刊名信息，而这两项信息是列表中需要显示的。其中同学姓名信息在"同学"表中，报刊名信息在"报刊"表中，因此我们不得不进行跨 3 个表的查询。

虽然是跨 3 个表的查询，但依然是典型的内连接写法，并不存在像 4.6.3 节中那样难以理解的技巧。其中 3 个表的连接是通过两组连续的 INNER JOIN…ON 来实现的。一般而言，第一组内连接的右表是第二组内连接的左表，就像这里"订阅"表是第一组内连接的右表，也是第二组内连接的左表。通过"订阅"表这个同时出现在两组内连接中的表，我们把 3 个表连接了起来。把"订阅"表放在这个位置是比较合适的，因为它有两个外键，分别是另外两个表的主键，因此它可以起到类似桥梁的作用。一旦实现了这 3 个表的正确连接，再施加 WHERE 子句中对学号的约束，我们就可以查到特定同学的姓名、所订阅的报刊名和订阅时间信息，哪怕同一份报刊他在多个学期都订阅过，也能被查询到并正确显示。

此外，在这个函数后面，在没有找到查询结果的情况下（len(rows) == 0），我们将返回值 rows 置为 None。这是因为此时如果不这样设置，则 rows 是个空表格，当通过 Gradio 的返回机制来影响界面中 Dateframe 类型的列表 teacher_stud_dataframe 时，Gradio 会尝试访问 rows 列表中不存在的数据项，由于此时 rows 是空的，因此可能导致出错。如果此时把 rows 置为 None，则 Gradio 会意识到此时没有数据，就不会引发错误。

4.6.9 老师查看报刊订阅量功能的实现

根据 4.5.1 节的界面设计，我们需要给"查看订阅量"界面添加一个按钮来触发数据库查询操作，并需要一个列表控件来显示查询结果。让我们来看其界面定义代码是否与刚才的分析相符（"…"处折叠了与同学界面、登录界面以及老师的其他功能有关的代码）：

```
with gr.Blocks() as opengauss_demo:
    gr.Markdown('# 欢迎使用报刊订阅系统')

    with gr.Column(visible = False) as stud_ui: …

    with gr.Column(visible = False) as teacher_ui:
        with gr.Tab('添加报刊'): …

        with gr.Tab('查看学生订阅'): …

        with gr.Tab('查看订阅量'):
            check_total_sub_btn = gr.Button('按订阅量查询')
            total_sub_dataframe = gr.DataFrame(
```

```
                          headers = ['报刊编号', '报刊名', '订阅量'],
                          type = ['str', 'str', 'number'])
            check_total_sub_btn.click(
                          fn = get_total_sub_count,
                          inputs = [],
                          outputs = [total_sub_dataframe])

      with gr.Column() as login_ui: …
```

与 4.5.7 中的代码相似,本功能的界面定义代码也是位于名为 teacher_ui 的 Column 容器下方,是由一个标题为"查看订阅量"的 Tab 容器组成的。在这个容器中,确实如前一段代码分析的那样,包含一个用于触发查询操作的按钮 check_total_sub_btn 和一个显示查询结果的 Dateframe 类型的列表 total_sub_dataframe。

check_total_sub_btn 按钮通过一个名为 get_total_sub_count 的函数来处理 click 事件。这个消息处理函数不需要任何输入信息,所以 inputs 参数的值为空列表。查询报刊订阅量的所有相关信息在数据库中都已经完备了,比如具体的订阅记录和报刊信息。这个消息处理函数的输出只有一个对象,即显示查询结果的列表 total_sub_dataframe,通过这个列表是否为空就能够向用户反馈查询结果,无须再像 4.6.7 节和 4.6.6 节那样通过按钮的标题文本来反馈信息。

消息处理函数 get_total_sub_count 的具体代码如下:

```
#得到所有报刊的订阅量列表,并按照订阅量从大到小排序
def get_total_sub_count():
    sql_str = """
    SELECT 报刊.报刊编号, 报刊.报刊名, B.cnt
    FROM 报刊
    INNER JOIN (
       SELECT 报刊.报刊编号 AS id, COUNT(订阅.报刊编号) AS cnt
       FROM 报刊
       LEFT JOIN 订阅
       ON 订阅.报刊编号 = 报刊.报刊编号
       GROUP BY 报刊.报刊编号
    )AS B
    ON 报刊.报刊编号 = B.id
    ORDER BY B.cnt DESC
    """
    rows, err_str = run_sql(sql_str,(),False)
    if len(rows) == 0:
       rows = None
    return {total_sub_dataframe:gr.update(value = rows)}
```

其中的 SQL 语句就是 4.6.3 节中解释的那条包含虚拟表的分组查询,这是本书关系数据库部分最复杂的一条 SQL 语句。它使用了内连接、左外连接、Group 分组计算、排序和 AS 别名等技巧。这里不再重复 4.6.3 节中的解析。在函数结尾处将 rows 置为 None 的原因与 4.6.8 节结尾所说明的原因一致。

至此,我们已经给出了这个应用程序的所有代码,并对难点进行了解释。下面通过程序测试来验证其正确性并发现可以改进的方向。

4.7 数据库应用程序测试

4.7.1 程序测试的常规方式

应用程序的测试是必不可少的,就像任何商品出厂前都要经过质量检测一样。有一种理念叫"测试驱动的开发"。这种理念认为:在完成系统设计后,应该首先围绕每个功能明确的程序单元编写对应的测试用例,即预计的输入和输出。这样的测试用例要尽量涵盖所有典型和关键的应用场景。而后才可以动手编写这些程序单元的代码,而编写代码的目标就是能通过这些预先编制好的测试用例的考验。

由于本章中的程序比较简单,模块并不多,而且与界面操作耦合度比较高,因此我们没有采用这么严谨的方式来进行测试驱动的开发。但作者在进行本程序的开发时,确实是尽量遵从这样的路线:划分小的功能单元,尽量提高功能单元的复用性(比如 run_sql 函数对数据库操作的封装),每实现一个小的功能单元就进行反复测试。在对前一个功能单元充分测试后,才转入下一个功能单元的开发。比如首先开发以 run_sql 为代表的数据库相关函数,并用登录界面中的逻辑来测试 run_sql 的效果,确认无误后,再着手开发同学界面的功能,最后是老师界面的 3 个 Tab 界面。限于本书篇幅,无法把这中间遇到的错误和解决错误的过程一一列举出来,但在前文对代码的说明中已经尽量对容易犯的错误进行了解析,比如在 4.6.3 节中就对使用分组语句时的经常会犯的错误进行了详细说明。下面分别给出一组同学和老师的操作过程截图,来说明本程序的正确性。最后归纳本程序的不足。

4.7.2 同学操作过程测试

首先在登录界面中输入一个学生的学号和密码。让我们故意输入一个错误的密码,如图 4-27 所示:

图 4-27　系统登录界面

在 4.4.2 节录入数据时，我们给这位同学分配的密码是 wc2020，而这里输入的是 2020，应该会出现登录失败的提示。果然，单击"登录"按钮后出现如图 4-28 所示的出错提示。

图 4-28　登录出错信息提示

更正密码后，再单击"登录"按钮，就会看到界面发生了自动切换，来到了同学界面，如图 4-29 所示。

图 4-29　报刊订阅界面

我们随机选择两个报刊编号,按提示要求填写在文本框中,尝试提交,如图 4-30 所示。由于此前已经用这位同学的身份登录提交过,因此应该会提示不能重新订阅字样。

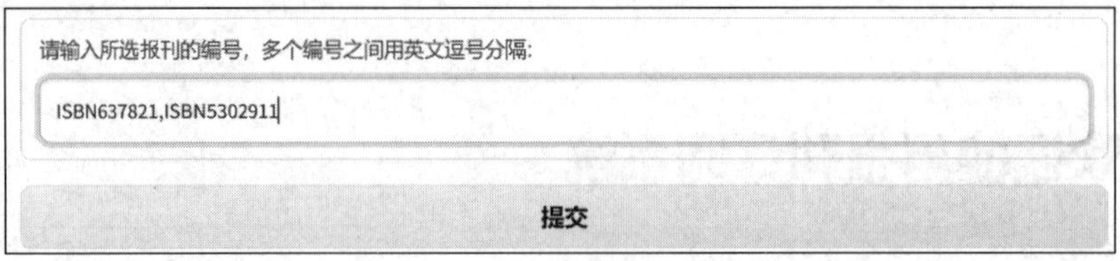

请输入所选报刊的编号,多个编号之间用英文逗号分隔:

ISBN637821,ISBN5302911

提交

图 4-30 填写报刊编号界面

  单击"提交"按钮后,果然看到预期的出错提示,如图 4-31 所示。

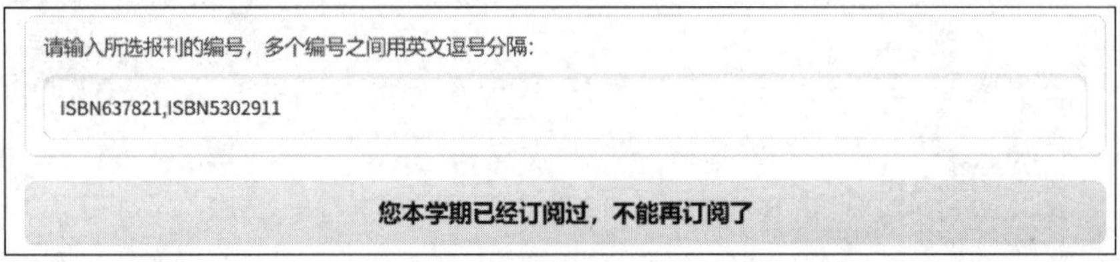

请输入所选报刊的编号,多个编号之间用英文逗号分隔:

ISBN637821,ISBN5302911

您本学期已经订阅过,不能再订阅了

图 4-31 订阅出错信息

  现在按 F5 键刷新网页,重新以另一位没有订阅过的同学身份登录,如图 4-32 所示。

用户名

S2020090104

登录密码

zz2020

登录

图 4-32 重新登录

  登录后,随机选择 3 个报刊编号填写,如图 4-33 所示。

请输入所选报刊的编号,多个编号之间用英文逗号分隔:

ISBN468001,ISBN1002911ISBN3002918

提交

图 4-33 重新填写报刊信息

  这里有个格式错误,在第二个和第三个报刊编码之间缺了个英文逗号,所以单击"提交"按钮后,可以看到出错的提示。结果与预期的一致,如图 4-34 所示。

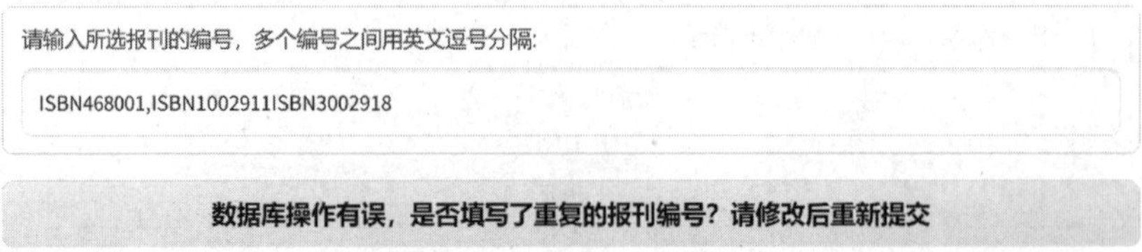

请输入所选报刊的编号,多个编号之间用英文逗号分隔:

ISBN468001,ISBN1002911ISBN3002918

数据库操作有误,是否填写了重复的报刊编号? 请修改后重新提交

图 4-34 订阅再次出错

把这个格式错误纠正过来,如图 4-35 所示。

请输入所选报刊的编号,多个编号之间用英文逗号分隔:

ISBN468001,ISBN1002911,ISBN3002918

数据库操作有误,是否填写了重复的报刊编号? 请修改后重新提交

图 4-35　再次修改报刊信息

再次单击"提交"按钮,预计会看到成功的提示,但结果却看到"您本学期已经订阅过,不能再订阅了"的提示,如图 4-36 所示。

请输入所选报刊的编号,多个编号之间用英文逗号分隔:

ISBN468001,ISBN1002911,ISBN3002918

您本学期已经订阅过,不能再订阅了

图 4-36　完成订阅界面

此时用 Data Studio 登录 openGauss,查看"订阅"表,发现确实有了一条这位同学的订阅记录(订阅号为 10 的记录),而且订阅的报刊编号正是我们前面填写的第一个报刊编号,如图 4-37 所示。

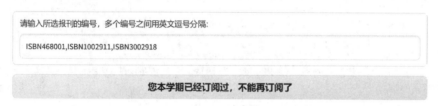

	订阅编号	学号	报刊编号	订阅时间
1	1	S2020090101	ISBN5302911	2022-11-08
2	2	S2020090102	ISBN468001	2022-11-08
3	3	S2020090103	ISBN1002911	2022-11-08
4	4	S2020090103	ISBN468001	2022-11-08
5	5	S2020090103	ISBN3002918	2022-11-08
6	6	S2020090101	ISBN3002918	2022-11-08
7	7	S2020090107	ISBN3002911	2022-11-08
8	8	S2020090105	ISBN468001	2022-11-08
9	9	S2020090105	ISBN1302911	2022-11-08
10	10	S2020090104	ISBN468001	2022-11-09

图 4-37　在 Data Studio 中核对是否有新增订阅信息

这是什么原因呢?从逻辑上分析,本次提交了多个报刊编号,因此对应的数据库操作应该是在一个循环结构中。但第一次提交时由于格式错误,应该只有第一个报刊编号对应的 INSERT 指令被 cursor 对象执行了,后面的两个报刊编号混在一起,因此对应的 INSERT 指令应该遇到错误。这时,从逻辑上讲,这位同学的第一个报刊编号对应的 INSERT 操作也应该被撤销,以便让他重新发起订阅。但由于数据库操作是封装在 run_sql 函数中的,里面已经调用了 connect 对象的 commit 函数,让第一次循环中的 INSERT 操作生效了,因此订阅表中就新增了这个订阅编号为 10 的记录,并导致这位同学无法再重新提交。

要解决这个问题,恰当的方式是使用关系数据库的"事务"机制,即把一组数据库操作打包成一个"事务",只要其中任何一个操作出错,就通过"回滚"机制来撤销这一组操作。但本书并没有详细讲解"事务"机制及其在 openGauss 中的实现方法。要用我们现有的知识来解决这个问题，也是可能的。请思考这样一种策略：

当在一组连续的数据库操作（比如这里通过循环执行的一组 INSERT 操作）中时，如果遇到错误，就通过 DELETE 指令来删除前面操作中已经生效的新记录，达到"回滚"的效果。针对这个具体错误，可以在函数 submit_subscription 的 for 循环下，在 len(err_str) 不为 0 的分支中（下面代码的 else 语句下）添加这样的代码（其具体的上下文代码请查看 4.6.6 节）：

```
    if len(err_str) == 0:
        return {stud_submit_btn:
                    gr.update(value = '您已订阅成功！')}
    else:
        sql_str = """
        DELETE FROM 订阅
        WHERE 学号 = % s AND extract(day from now() - 订阅时间) < 90
        """
        rows, err_str = run_sql(sql_str, (user_id,), True)
        return {stud_submit_btn:gr.update(value = '数据库操作有误, 是否填写了重复的报刊编号? 请修改后重新提交')}
```

在新增的代码中，一旦发现前面 for 循环的执行有错误（通过 len(err_str) 不等于 0），就尝试执行一条新的 DELETE 指令，在订阅表中搜索并删除当前用户本学期的订阅记录（与现在相距 90 天以内的记录）。通过这种方式来实现回滚的效果。

让我们重复前面的登录和填写过程来验证这次改进是否有效。首先通过 Data Studio 来删除订阅表中的编号为 10 的那条记录。然后重新以这个用户的身份登录，并重新录入这样的错误信息，如图 4-38 所示。

图 4-38　模拟输入错误的订阅信息

单击"提交"按钮，可以看到如图 4-39 所示的出错提示。

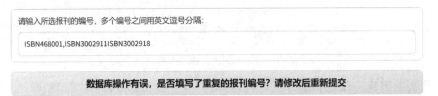

图 4-39　错误的订阅信息引发订阅失败

看起来跟修改之前是一样的，但通过 Data Studio 查看此时的"订阅"表，我们看到"订阅"表中目前只有 9 条记录，也就是说刚才新增的代码生效了，它起到了回滚的效果，删除了当前用户的第一个 INSERT 指令产生的记录，如图 4-40 所示。

修改错误的输入格式，如图 4-41 所示。

再次单击"提交"按钮，这次订阅成功了。这验证了订阅功能的正确性，如图 4-42 所示。

通过对学生订阅功能的测试，我们发现：测试是对开发的验证，也是对开发的反馈。通过"发现问题-解决问题"这个迭代，实现程序的不断完善。

图 4-40 在 Data Studio 中核对是否删除了一条记录

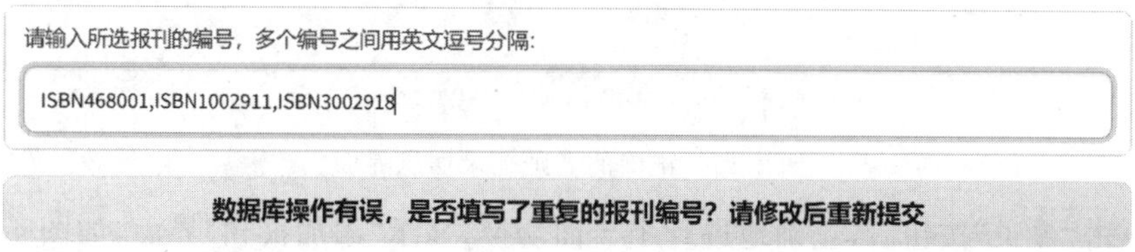

图 4-41 尝试输入正确的订阅信息

图 4-42 订阅成功

4.7.3 老师操作过程测试

限于篇幅,本小节无法像 4.7.3 节那样举例说明在对老师操作过程的测试中是如何发现问题和解决问题的。只能通过一组测试操作说明老师界面的相关功能是基本正确的。

首先尝试以老师的身份登录。但我们故意把老师的登录名写错(正确的登录名是"老师",参考 4.4.2 节),如图 4-43 所示。

图 4-43 错误的老师登录信息输入界面

果然,单击"登录"按钮后,出现了错误提示,如图 4-44 所示。

纠正登录名,如图 4-45 所示。

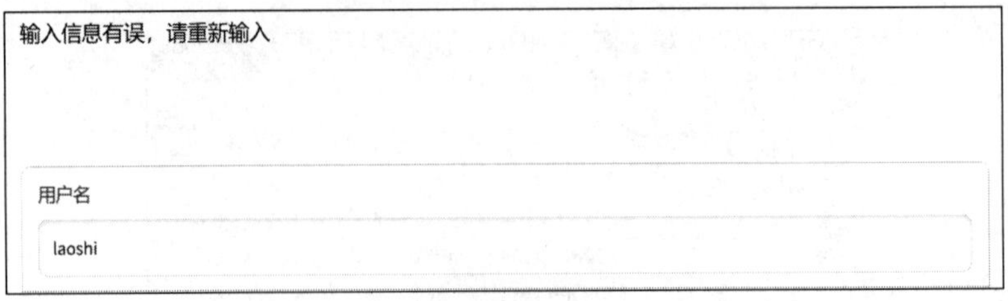

输入信息有误，请重新输入

用户名

laoshi

图 4-44　老师登录出错界面

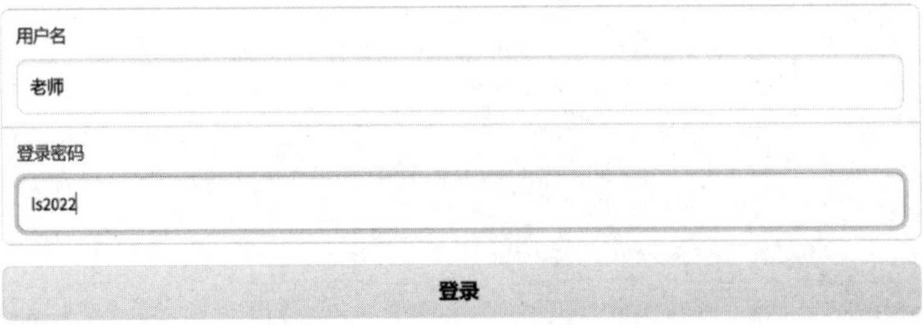

用户名

老师

登录密码

ls2022

登录

图 4-45　正确的老师登录信息界面

这次单击"登录"按钮后，正确地进行了界面切换，显示"添加报刊"界面，如图 4-46 所示。

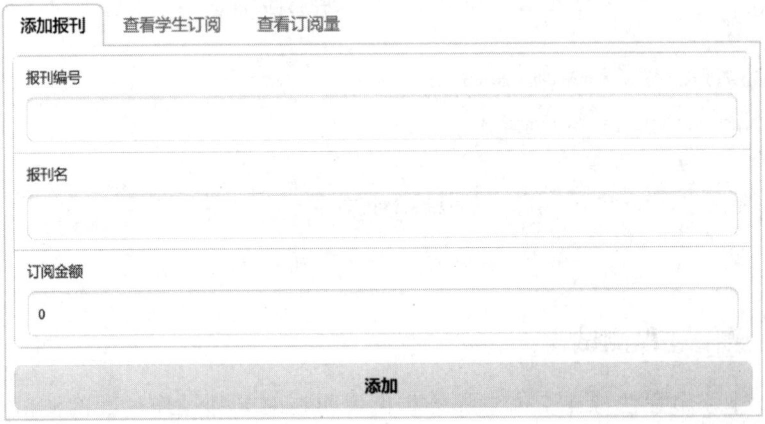

添加报刊　　查看学生订阅　　查看订阅量

报刊编号

报刊名

订阅金额

0

添加

图 4-46　"添加报刊"界面

尝试添加一本报刊，故意把报刊编号写成数据库中已有报刊的编号，如图 4-47 所示。

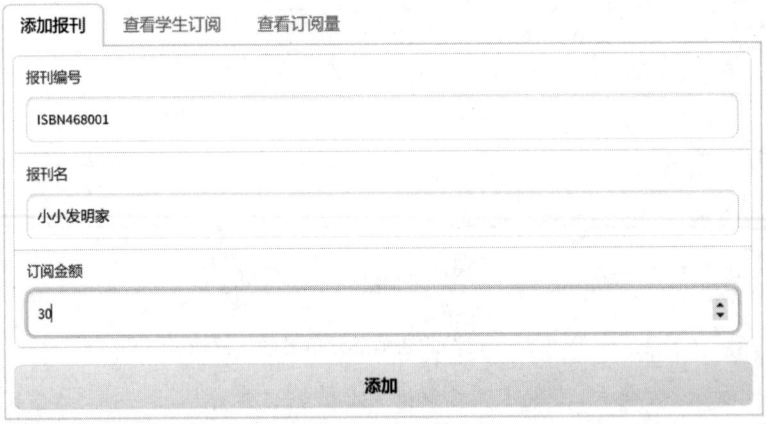

添加报刊　　查看学生订阅　　查看订阅量

报刊编号

ISBN468001

报刊名

小小发明家

订阅金额

30

添加

图 4-47　录入新报刊信息

单击"添加"按钮,果然看到了出错提示,如图4-48所示。

订阅金额

30

添加出错,请检查报刊编号是否有重复,修改后再试

图4-48　报刊信息录入出错提示

把报刊编号改为一个全新的编号,如图4-49所示。

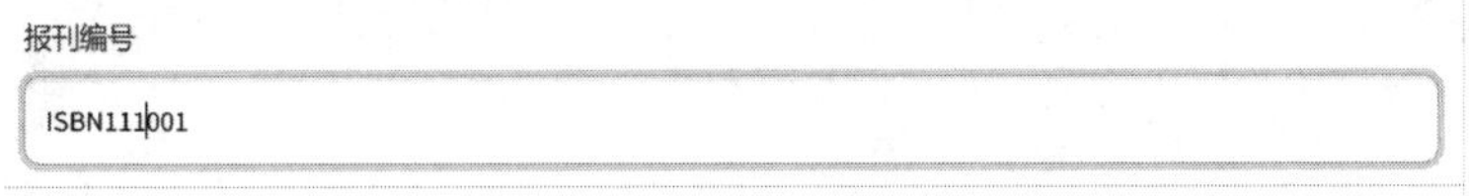

报刊编号

ISBN111001

图4-49　再次录入报刊信息

再次单击"添加"按钮,果然看到添加成功的提示,如图4-50所示。

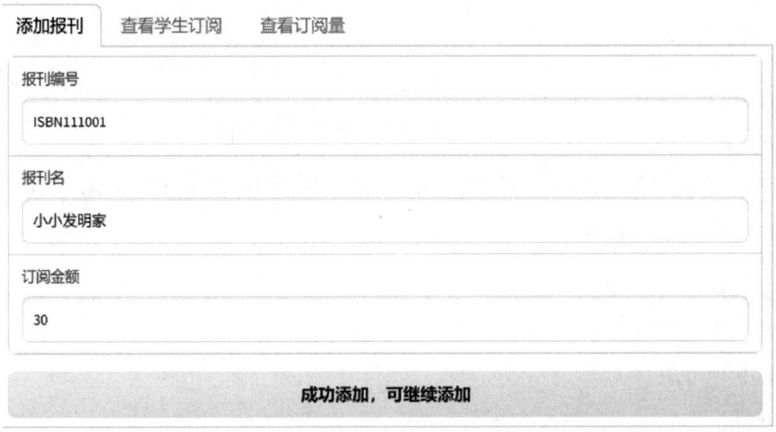

| 添加报刊 | 查看学生订阅 | 查看订阅量 |

报刊编号

ISBN111001

报刊名

小小发明家

订阅金额

30

成功添加,可继续添加

图4-50　报刊录入成功

单击"查看订阅量"标签页,然后单击其中的"按订阅量查询"按钮,就可以看到所有的报刊订阅信息列表,新增的这本《小小发明家》的订阅量果然是0,如图4-51所示。

| 添加报刊 | 查看学生订阅 | 查看订阅量 |

按订阅量查询

报刊编号	报刊名	订阅量
ISBN468001	高等教育报	4
ISBN3002918	大学生报	3
ISBN1002911	航空知识	2
ISBN3002911	飞碟探索	1
ISBN1302911	健康之友	1
ISBN5302911	数学思考家	1
ISBN637821	思想的天空	0
ISBN111001	小小发明家	0

图4-51　报刊列表

切换到“查看学生订阅”标签页，在其中的“同学学号”文本框中输入一个错误的学号，如图 4-52 所示。

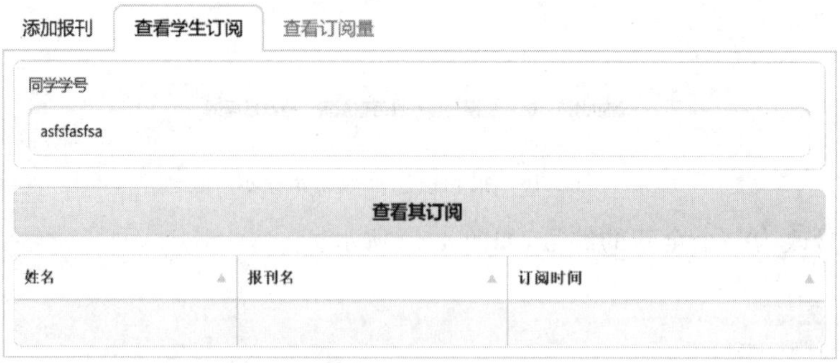

图 4-52 “查看学生订阅”界面

然后单击“查看其订阅”按钮，果然看不到任何结果。

如果把学号改为一个正确的学号，如图 4-53 所示。

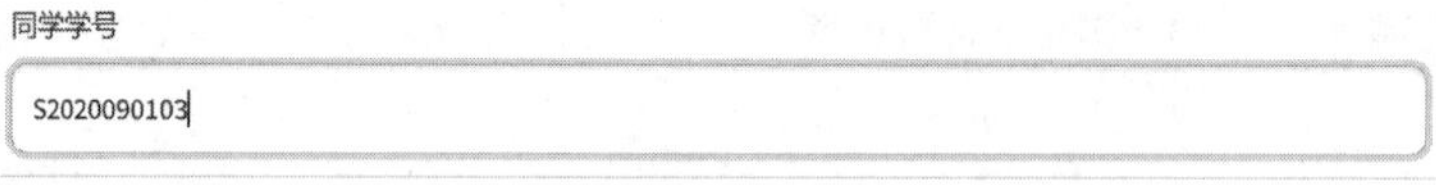

图 4-53 再次输入正确的学号截图

再次单击“查看其订阅”按钮查询，则可以看到该同学有 3 条订阅记录，如图 4-54 所示。

图 4-54 成功检索到学生的订阅信息

如果用 Data Studio 打开订阅表，也能看到这个学号的订阅记录确实有 3 条，如图 4-55 所示。

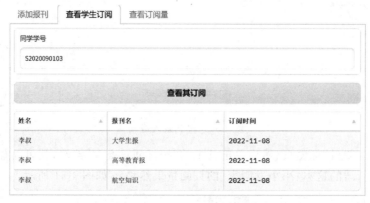

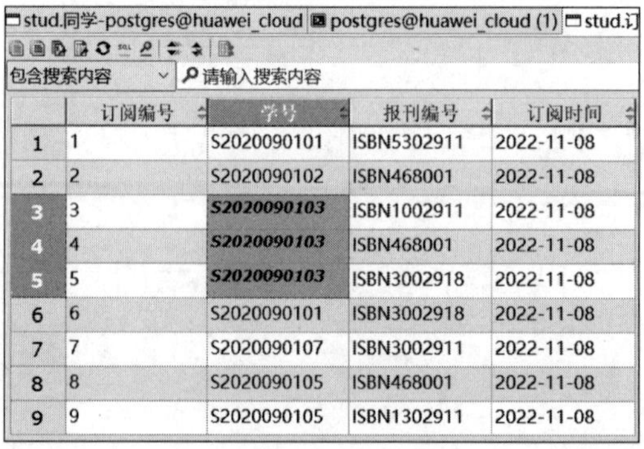

	订阅编号	学号	报刊编号	订阅时间
1	1	S2020090101	ISBN5302911	2022-11-08
2	2	S2020090102	ISBN468001	2022-11-08
3	3	S2020090103	ISBN1002911	2022-11-08
4	4	S2020090103	ISBN468001	2022-11-08
5	5	S2020090103	ISBN3002918	2022-11-08
6	6	S2020090101	ISBN3002918	2022-11-08
7	7	S2020090107	ISBN3002911	2022-11-08
8	8	S2020090105	ISBN468001	2022-11-08
9	9	S2020090105	ISBN1302911	2022-11-08

图 4-55 在 Data Studio 中核对是否成功实现了学生订阅

从而验证了老师界面功能的正确性。

4.8 本章习题

1.（判断题）在设计数据库时尽量做到一步到位,尽量一开始就把所有细节都考虑清楚并一次性实现。（　　）

2.（判断题）openGauss 数据库提供了数据导出功能,但仅支持导出为文本文件格式。（　　）

3.（判断题）Gradio 库可以帮助实现基于桌面窗口的图形化应用程序。（　　）

4.（判断题）Gradio 库无法实现界面控件的动态隐藏或显示。（　　）

5.（简答题）请简述基于 Gradio 库如何实现界面控件的动态显示功能。

6.（简答题）请简述本章中程序的基本结构,并分析这样设计的优点和不足。

第 5 章

文档数据库MongoDB的原理与应用

5.1 MongoDB 简介

5.1.1 概述

MongoDB 是一个文档数据库,由 C++语言编写。它将数据存储为类似于 JSON 的文档,数据结构由键-值(key-value)对组成,可以存储比较复杂的数据类型,字段值除支持基础的数字、字符串、布尔值外,还支持数组、文档子对象等。

【名词概念解释】

- 键-值对:键(Key)通常又被称为关键字,每个关键字只出现一次;值(Value)则为该关键字对应的值(可以为单一数值,也可为数组、对象等),这样就构成了一对数值关系,从而被称为键-值对。若读者仍不了解,可学习哈希表这一数据结构。
- JSON:可简单理解为由若干键-值对组成的字符串。
- 文档:类似于 JSON 对象,也可以存储若干键-值对。

5.1.2 特点

MongoDB 的特点为高性能、易部署、易使用、存储数据非常方便。其主要特点有以下6 点。

(1) 数据类型丰富:MongoDB 将数据存储为 BSON(一种 JSON 的扩展)文档,与传统关系数据库中由行和列组成的表相比,BSON 支持更丰富、更灵活的数据结构。除支持基础的数字、字符串、布尔值等字段类型外,BSON 字段还可以是数组或嵌套子对象。

(2) 结构灵活:MongoDB 无须像关系数据库一样提前声明文档结构,字段类型可以灵活变化,同时也不存在模式,用户可以灵活地插入不同类型的文档等。

(3) 性能优越:MongoDB 支持完全索引,包括内部对象,即可以直接对文档中的任何对象进行索引检索。同时实验证明,对于大量数据,索引字段查询不会比关系数据库(如 MySQL)查询慢,非索引字段查询相对于关系数据库则全面胜出。

(4) 可扩展性强:文档被视为单个单元,这意味着它可以分布在多个服务器上,因此可以轻松地扩展,实现分布式的数据分布。

(5) 地理位置索引:MongoDB 除支持传统关系数据库中的索引外,还支持特有的地理位置索引。

（6）支持多种编程语言：支持 Java、C++、Python、C♯ 等多种编程语言。

5.1.3 发展历程

2007 年 10 月，Dwight Eliot 和 Kevin Ryan 一同创办了名为 10gen 的公司，在研发过程中，他们每次都在解决同样的数据水平扩展性问题。于是 MongoDB 在此背景下诞生，通过自动分片构建大型 MongoDB 集群，从而实现水平伸缩。2009 年 2 月，MongoDB 首次在数据库领域亮相，至此 MongoDB 1.0 发布。

2012 年 5 月，MongoDB 2.1 开发分支发布。该版本采用全新架构，包含诸多功能增强。

2012 年 6 月，MongoDB 2.0.6 发布，分布式文档数据库诞生。

2013 年 4 月，MongoDB 2.4.3 发布，此版本包括一些性能优化、功能增强以及 bug 修复。

2015 年 3 月，MongoDB 3.0 发布，包含新的存储引擎，大幅提升了 MongoDB 的写入性能。

2017 年 10 月，MongoDB 公司成立 10 周年之际，顺利上市，成为 26 年来第一家以数据库产品为主要业务的上市公司。

2018 年 6 月，MongoDB 4.0 发布，提供跨文档事务处理能力。

2019 年 8 月，MongoDB 4.2 发布，开始支持分布式事务。

至今，MongoDB 已经从一个在数据库领域籍籍无名的"小透明"，变成了话题度和热度都很高的"流量"数据库。MongoDB 数据库平台下载量超过 1.25 亿次，MongoDB 客户遍布全球 100 多个国家和地区，其中思科使用 MongoDB 取代 Oracle 重构电商平台，字节跳动也将部分 MySQL 应用迁移到 MongoDB 上来，如与地理相关的查询、游戏运营日志等业务。

【名词概念解释】
- 水平扩展性：连接多个软硬件特性，从而将多个服务器从逻辑上看成一个整体，进而提高性能。水平扩展性最大的优点是不需要单一机器具有极高的性能。
- 垂直扩展性：通过对单一物理实体增加资源而提高性能。

5.1.4 应用场景

基于 MongoDB 支持的数据类型丰富、结构灵活、性能优越和可扩展性强等特点，MongoDB 具体在以下 6 个领域得以应用。

（1）**游戏应用**：游戏应用需求灵活多变，MongoDB 结构灵活、可扩展性强等特点能够很好地解决游戏应用中的痛点。可以使用 MongoDB 存储游戏用户信息，用户的装备、积分等直接以内嵌文档的形式存储，方便查询、更新。

（2）**移动应用**：MongoDB 支持二维空间索引，可以高效地查询地理位置关系和检索用户地理位置数据，很好地支撑基于地理位置查询的移动类 App 的业务需求。同时，MongoDB 动态模式存储方式非常适合存储多重系统的异构数据，满足移动 App 应用的需求。

（3）**电商应用**：对于商品信息、订单信息，借助 MongoDB 支持的数据类型丰富等特点，通过嵌套的子文档，一次简单查询就能获取所需的信息。例如，上衣和裤子有相同的属性，如产地、价格、材质、颜色等；还有各自独有的属性，如上衣独有的肩宽、胸围、袖长等，裤子独有的臀围、脚口、长度等。独有属性可以直接以 BSON 子文档方式嵌套到商品这个文档中，一次查询直接获取全部内容，不需要进行多表 join 查询。

（4）**物流应用**：在电商配套的物流领域，使用 MongoDB 存储订单信息，订单状态在运送过程中会不断更新，以 MongoDB 内嵌数组的形式来存储，一次查询就能将订单所有的变更读取出来。可以将一个快递的物流信息直接嵌套在以商品 Id 为唯一索引的文档中，一次查询就可以获取完整的快递流向信息。

（5）**视频直播**：视频直播行业会产生大量的礼物信息、用户聊天信息等，数据量较大。MongoDB 水平可扩展的优点能够很好地解决上述问题。

（6）**社交应用**：使用 MongoDB 存储用户信息，以及用户发表的朋友圈信息，通过 MongoDB 特有的地理位置索引特点，实现附近的人、地点等功能。

5.2 MongoDB 的相关基本概念

关系数据库中涉及数据库、表、行、列等基本概念，MongoDB 中同样涉及相关的概念，但是却存在相应的差异。为便于理解，下面将对比关系数据库的基本概念，对 MongoDB 中相关的基本概念进行介绍。MongoDB 数据库与关系数据库相关概念的对比如表 5-1 所示。

表 5-1　MongoDB 数据库与关系数据库相关概念的对比

关系数据库	MongoDB 数据库
数据库（Database）	数据库（Database）
表（Table）	集合（Collection）
行（Row）	文档（Document）
列（Column）	字段（Field）

5.2.1 命名规则

MongoDB 关于数据库名、文档名、字段键名等存在统一的命令规则，同时也存在一些不同。MongoDB 统一命名规则有以下 2 点：

（1）不能为空字符串。

（2）不得有空格、$、\和\0（空字符）（其中，空字符表示结尾除外）。

同时，还存在特殊的命名规则，具体为以下 4 点：

（1）数据库名和文档键中不得有点（'.'），只能在特定环境中使用。

（2）数据库名中的字母必须全为小写字母。

（3）集合名不能以"system."开头，因为这是为系统集合保留的前缀，同时用户创建的集合名中不能含有保留字符。

（4）以下画线"_"开头的键为系统保留的键。

5.2.2 数据库

MongoDB 中的库类似于传统关系数据库中库的概念，用不同的库来隔离不同的应用数据。MongoDB 中可以建立多个数据库，每个数据库都有自己的集合和权限，不同的数据库放置在不同的文件中。在操作过程中，若不指定数据库，则 MongoDB 默认操作的数据库为 test。

1. MongoDB 默认数据库

MongoDB 中默认包含 admin、local、config 三个数据库，可以直接访问。这三个数据库的含义如下。

（1）admin：从权限角度看，可理解为 root 数据库。若将一个用户添加至该数据库，则此用户自动继承所有数据库的权限。一些特定的服务器端命令只能通过该数据库运行,例如列出所有的数据库或关闭服务器。

(2) local:该数据库永远不会被复制,可用来存储限于本地单服务器的任何集合。

(3) config:当 MongoDB 用于分片设置时,该数据库在内部使用,用来保存分片相关信息。

5.2.3　集合

集合就是 MongoDB 的文档组,类似于关系数据库管理系统中的表格。集合存在于数据库中,同时集合没有固定的结构,这意味着可以对集合插入不同格式和类型的数据,但通常情况下插入集合的数据都会存在一定的关联性。

使用 MongoDB 可以自定义集合,当第一个文档插入时,集合就会被创建。

5.2.4　文档

文档是若干键-值对(BSON)。MongoDB 的文档不需要设置相同的字段,并且相同的字段不需要相同的数据类型,这与传统关系数据库存在很大的区别,也是 MongoDB 非常突出的特点之一。

一个简单的文档例子为:{"name":"小明","age":21,"major":"计算机科学与技术"}。

文档中还存在以下 5 点注意事项:

(1) 文档中的键-值对绝对是有序的。

(2) 文档中的值不仅可以是在双引号里面的字符串,还可以是其他几种数据类型(甚至可以是整个嵌入的文档)。

(3) 区分数据类型和大小写。

(4) 文档中不能出现重复的键。

(5) 文档中的键是字符串。除少数例外情况外,键可以使用任意 UTF-8 字符。

5.2.5　MongoDB 的数据类型

MongoDB 的主要数据类型如表 5-2 所示。

表 5-2　MongoDB 的主要数据类型

数 据 类 型	描　　　　述
String	字符串。存储数据常用的数据类型。在 MongoDB 中,只有 UTF-8 编码的字符串才是合法的
Integer	整型数值。根据采用的服务器,可分为 32 位或 64 位
Boolean	布尔值。用于存储布尔值(真/假)
Double	双精度浮点数。MongoDB 中默认浮点数存储格式为双精度浮点数
Array	用于将数组、列表或多个值存储为一个键或值
Object	用于内嵌文档
Null	用于创建空值
Date	日期时间。可以指定日期时间:创建 Date 对象,传入年、月、日信息
ObjectId	对象 ID。用于创建文档的 ID

下面重点说明 ObjectId,ObjectId 类似于唯一主键,可以很快地生成和排序,包含 12 字节,分别表示的含义如下:

(1) 前 4 字节表示创建时间戳,默认为格林尼治时间(UTC 时间)。

（2）接下来 3 字节是机器标识码。

（3）紧接着 2 字节表示 PID（由进程 ID 组成）。

（4）最后 3 字节是随机数。

ObjectId 各字节的具体含义如图 5-1 所示。

0	1	2	3	4	5	6	7	8	9	10	11
时间戳				机器			PID		计数器		

图 5-1　ObjectId 各字节的具体含义

MongoDB 中存储的文档必须有一个 _id 键。这个键的值可以是任何类型，若不特殊指定，则默认为一个 ObjectId 对象，例如 "_id"：ObjectId("620e07e539f098ae9e114fd3")。

5.3　MongoDB 的安装和配置方法

为便于读者理解与掌握，本节将引入一个具体实例（情节均为虚构），以实例驱动，讲解 MongoDB 的安装与具体的使用细节。

目前，已有大部分有志青年放弃大城市的高薪工作，开始服务于农村家乡，借助互联网平台，以亲身经历教会父老乡亲出售本地农产品特产，提高家乡人民的生活水平和生活质量。某高校计算机专业的学生小波作为一名资深的"剁手党"，经常在各大电商平台购物，也希望能够通过专业知识为农村发展贡献自己的微薄之力，他深知传统关系数据库对数据有着严格的规范，如建表前需要严格指定数据类型等，这对初创公司不太友好。

而 MongoDB 以文档结构存储数据，面向集合存储，易存储对象类型的数据。同时，MongoDB 支持快速查询以及动态查询，能够高效地获取数据信息，且可扩展性较强，方便后续加大数据规模，并且商品信息、订单信息的事务性要求也不是很高，使用 MongoDB 搭建农产品电商数据库（agr_products_ecommerce_db）当然是一个不错的选择。于是小波开始发挥他的专业特长，着手设计农产品电商数据库，希望未来能够有机会服务于农村、农民。

数据库设计的第一步是下载 MongoDB 数据库。MongoDB 支持主流操作系统，包括 Windows、macOS、Linux 等。用户只需存在相应的存储空间，便可下载并安装使用，对软硬件的要求极低。

MongoDB 官方网站（网址详见前言二维码）提供了很多版本，包括企业版、社区版等。为了便于理解与使用，本节所有操作均在 Windows 操作系统的社区版下进行（社区版下载网址详见前言二维码）。编写时，MongoDB 社区版已更新至 5.0.6 版本。前面的章节已经介绍了基于 Docker 方式安装的优点，本节除介绍传统方式安装配置外，还将介绍基于 Docker 方式的安装配置方法。

5.3.1　传统方式的安装与配置

下载相应版本的安装包，直接双击安装包，即可进行具体的安装操作。操作过程较简单，可以单击 Custom 按钮，设置安装目录。自定义设置安装目录，如图 5-2 所示。

选择安装路径，如图 5-3 所示。

随后会显示数据库 Data 目录和 Log 目录的位置，默认为安装目录下的 data 和 log 子文件夹。选择 Data 和 Log 目录安装路径，如图 5-4 所示。

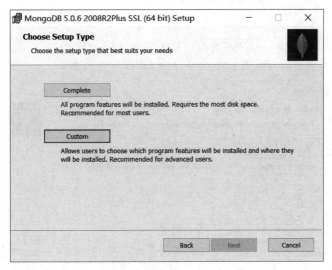

图 5-2　自定义设置安装目录

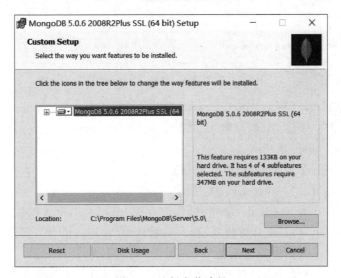

图 5-3　选择安装路径

图 5-4　选择 Data 和 Log 目录安装路径

接下来会提示是否安装 MongoDB Compass 工具（安装过程可能较慢，后续也可在 MongoDB 官方网站自行下载，离线安装）。MongoDB Compass 是一个图形化界面管理工具，后续将具体介绍。安装 MongoDB Compass 工具，如图 5-5 所示。

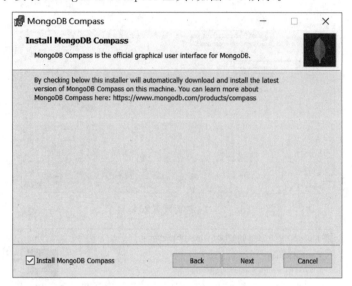

图 5-5　安装 MongoDB Compass 工具

安装成功后，根目录下存在 bin、data 和 log 三个子文件夹。

(1) bin 文件夹：存放 MongoDB 相关工具组件，如 mongod. exe（服务器应用程序）、mongo. exe（客户端应用程序）等。

(2) data 文件夹：存储 MongoDB 数据信息。

(3) log 文件夹：存储 MongoDB 日志信息。

在 bin 文件夹中存在 mongod. cfg 文件，用来存储 MongoDB 配置信息，默认有 storage（数据存储信息）、systemLog（系统日志信息）和 net（默认 IP 和端口信息），具体信息如下。

(1) storage：默认数据库存储位置为 data 文件夹。

(2) systemLog：系统日志信息默认存储至 log 文件夹的 mongod. log 文件中，且以追加的方式写入日志信息。

(3) net：默认 IP 为 127.0.0.1，默认端口为 27017。

读者可以根据自己的需要修改 mongod. cfg 文件的相应配置信息，也可以在命令行修改当前连接的配置信息，具体后续将进行介绍。

5.3.2　基于 Docker 方式的安装与配置

Windows Docker 的安装在第 3 章已详细介绍。本小节将介绍 Docker 方式的 MongoDB 的安装与配置。

首先拉取 MongoDB 镜像。笔者撰写本书时 MongoDB 社区版已更新至 5.0.6 版本，于是拉取 MongoDB 镜像的具体命令为：

```
docker pull mongo:5.0.6
```

安装完成后，输入 docker images 指令即可查看 Docker 中的所有镜像信息，并验证 MongoDB 是否拉取成功。查看 Docker 本地镜像信息，如图 5-6 所示。

```
PS C:\Program Files\MongoDB> docker images
REPOSITORY    TAG      IMAGE ID      CREATED       SIZE
mongo         5.0.6    532c84506200  3 months ago  699MB
```

图 5-6　查看 Docker 本地镜像信息

5.3.3　MongoDB 的连接

MongoDB 分为服务端和客户端,只有启动 MongoDB 服务端后,客户端才可连接 MongoDB,进一步进行数据库、集合和文档的操作。

1. MongoDB 服务启动

基于传统方式安装的 MongoDB,启动服务主要有以下 3 种方法:

(1) 在 Windows 任务管理器中的服务栏,找到 MongoDB 对应的服务打开即可(默认为开机自动打开)。

(2) 在 bin 目录路径下打开 cmd(命令提示符)窗口,直接输入 mongod 命令也可打开 MongoDB 服务,当然也可输入其他配置信息,如 mongod --dbpath＝/data --port＝27017(自定义数据库目录和端口信息)。

(3) 输入 net start mongodb 命令,由于安装过程中 MongoDB 已加入 Windows 服务中,因此可直接在 cmd 窗口输入 net start mongodb 命令打开服务。

基于 Docker 方式安装的 MongoDB 启动服务较为简单,具体命令如下:

```
docker run - d -- name mongo - p 27017:27017 mongo:5.0.6
```

【参数说明】

- -d:表示后台运行。
- --name:为容器分配一个名称。
- -p:向主机发布容器端口集合。

2. MongoDB 客户端连接

基于传统方式安装的 MongoDB,客户端连接方法主要有以下 2 种:

(1) 直接运行 mongo.exe。

(2) 在 bin 文件夹下打开 cmd 窗口输入 mongo 命令(也可指定连接的配置信息,如端口、日志信息等)。

基于 Docker 方式安装的 MongoDB,客户端连接的具体命令如下:

```
docker exec - it mongo mongo
```

【参数说明】

- 第一个 mongo 表示容器名,第二个 mongo 表示镜像名。

5.4　MongoDB 的基本操作

5.4.1　数据库的创建

通过 5.3 节的学习,小波已成功安装 MongoDB。接下来开始创建农产品电商数据库(agr_

products_ecommerce_db）。MongoDB 创建数据库的语法格式为：use database_name（数据库名）。其中，use 代表创建并使用，若数据库不存在，则自动创建数据库。

小波已迫不及待开始操作。创建农产品电商数据库（agr_products_ecommerce_db），代码如下：

```
> use agr_prducts_ecommerce_db
switched to db agr_prducts_ecommerce_db
```

5.4.2 数据库的查询与删除

1. 数据库的查询

数据库查询指令主要有 2 种，分别为 show dbs 和 db。

1) show dbs 指令

查询 MongoDB 中的所有数据库，但若数据库为空数据库，则不会被查询显示。

小波小试牛刀，想要证实刚刚创建的农产品电商数据库（agr_products_ecommerce_db）的确没有任何数据信息。查询所有数据库，如图 5-7 所示。因为刚刚创建的农产品电商数据库没有数据，是空数据库，所以并未显示。

2) db 指令

查询当前所在数据库，如图 5-8 所示。可以发现，此时所在数据库的确为小波刚刚创建的农产品电商数据库（agr_products_ecommerce_db）。

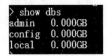

图 5-7 查看所有数据库

图 5-8 查询当前所在数据库

2. 数据库的删除

数据库删除指令为 db.dropDatabase()，表示删除当前所在的数据库。例如，删除 agr_products_ecommerce_db 数据库，如例 5-1 所示。

【例 5-1】 删除 agr_products_ecommerce_db 数据库

```
> use agr_products_ecommerce_db
switched to db agr_products_ecommerce_db
> db.dropDatabase();
{"ok": 1}
```

5.4.3 集合的创建

相比于传统关系数据库中的库由若干表组成，MongoDB 数据库由若干集合组成。

集合创建指令为 db.createCollection(name,options)。具体参数说明如下。

- name：必选参数，创建集合的名称。
- options：可选参数，指定有关内存大小及索引。

options 参数表示如表 5-3 所示。

表 5-3 options 参数表示

字 段	类 型	描 述
capped	布尔	如果该值为 true,则创建固定集合。固定集合是指有着固定大小的集合,当达到最大值时,它会自动覆盖最早的文档。该值为 true 时,必须指定 size 参数
size	数值	为固定集合指定一个最大值,即字节数
max	数值	指定固定集合中包含文档的最大数量

小波开始设计农产品电商数据库(agr_products_ecommerce_db)所需的集合结构,其中不可或缺的便是商品集合(products)。创建包含文档最大数量为 100、集合空间最大值为 5000字节的 products 集合,如例 5-2 所示。

【例 5-2】 创建包含文档最大数量为 100、集合空间最大值为 5000 字节的 products 集合

```
> db.createCollection("products",{max:100,capped:true,size:5000});
{"ok":1}
```

当然,MongoDB 中也可以不需要创建集合。当你插入一些文档时,MongoDB 会自动创建集合,读者可自行操作。

5.4.4 集合的查询与删除

1. 集合的查询

集合查询指令为 show collections 或 show tables。查询当前数据库(agr_products_commerce_db)的所有集合,如例 5-3 所示。

【例 5-3】 查询当前数据库(agr_products_commerce_db)的所有集合

```
> show collections;
products
> show tables;
products
```

2. 集合的删除

集合删除指令为 db.collection.drop()。具体参数说明如下。

- collection 表示需要删除的集合名。若成功删除选定集合,则 drop()方法返回 true,否则返回 false。

例如,删除 products 集合,如例 5-4 所示。

【例 5-4】 删除 products 集合

```
> db.products.drop();
true
```

5.4.5 文档添加

MongoDB 为文档数据库,由一个个文档组成,所以文档的操作为 MongoDB 的核心,具体可分为文档插入指令、文档查询指令、文档更新指令、文档删除指令。本小节将重点介绍文档的添加操作。

1. MongoDB 的文档格式

添加文档之前,需要简单了解文档的格式。MongoDB 的文档为 BSON 格式(一种类似于 JSON 的格式),由若干键-值对组成。其中 key、value 均可为任何数据类型格式,包括文档子对象。MongoDB 文档示例如例 5-5 所示。

【例 5-5】 MongoDB 文档示例

```
{
        "_id": ObjectId("62d6c1443064879e0bad6d86"),
        "product_name": "西红柿",
        "variety_name": "普罗旺斯番茄",
        "producing_area": "山东省海阳市",
        "price": 3,
        "unit": "斤",
        "shipping_address": "山东省海阳市"
}
```

2. MongoDB 文档添加操作

简单导入农产品信息,通过命令行有两种插入数据形式,分别为 insert(插入单个文档)和 insertMany(插入多个文档)。插入单个文档如例 5-6 所示。

【例 5-6】 插入单个文档

```
> db.products.insert({
        product_name: "胡萝卜",
        variety_name: "秤杆红萝卜",
        producing_area: "陕西省渭南市大荔县",
        leaf_length: "15cm 以上",
        price: 0,
        unit: "斤",
        shipping_address: "陕西省渭南市大荔县"
})
WriteResult({ "nInserted" : 1 })
```

插入多个文档如例 5-7 所示。除使用 insertMany 指令插入多个文档外,也可通过文件形式导入多个文档内容,具体操作将在 5.7.2 节进行介绍。

【例 5-7】 插入多个文档

```
db.products.insertMany(
[{
    product_name: "菠菜",
    variety_name: "大叶菠菜",
    producing_area: "山东省聊城市",
    leaf_length: "25 - 30cm",
    price: 0.6,
    unit: "斤",
    shipping_address: "山东省聊城市东昌府区"
},
{
    product_name: "山药",
    variety_name: "河北铁棍山药",
    producing_area: "河北省保定市",
```

```
    specifications: {
    "家庭实惠装 - 长 30 - 40cm - 5 斤装 二级,5.00 斤/箱": 24,
    "优良装.长 45 - 50cm.5 斤装 二级,5.00 斤/箱": 26,
    "优选装 - 长 55 - 60cm - 5 斤装 一级,5.00 斤/箱": 28,
    "精选装 - 长 65 - 70cm - 5 斤装 一级,5.00 斤/箱": 30
    },
    unit: "斤",
    shipping_address: "河北省保定市蠡县"
}]);
{
        "acknowledged" : true,
        "insertedIds" : [
                ObjectId("62d6c4d22fca6e0caacdefca"),
                ObjectId("62d6c4d22fca6e0caacdefcb")
        ]
}
```

3. 文档添加指令详细介绍

文档添加指令为 db.collection.insert() 或 db.collection.insertMany()。其中 collection 表示插入文档所在的集合名。

在 MongoDB 中,每个文档都会有一个_id 作为唯一标识(类似于传统关系数据库的主键),_id 默认会自动生成,由 12 字节组成,具体含义 5.2.4 小节已介绍。若手动指定_id 的值,则需要确保当前集合中没有出现过此_id,否则会报错。

5.4.6　文档查询

1. 文档查询概述

在数据库操作中,查询操作最为普遍,而 MongoDB 为文档数据库,对于文档的查询更加常见。具体指令为 db.collection.find(query,projection)。其中 collection 表示查询的集合名。

参数说明如下。
- query：可选,使用查询操作符指定查询条件。
- projection：可选,使用投影操作符指定返回的键。若想要查询所有的键值,则只需省略该参数即可(默认省略)。

如果需要以易读的方式读取数据,可以使用 pretty() 方法,语法格式为 db.collection.find().pretty()。例如,查询农产品电商数据库中 products 集合的所有数据,如例 5-8 所示。

【例 5-8】　查询农产品电商数据库中 products 集合的所有数据

```
> db.products.find().pretty();
{
        "_id" : ObjectId("62d6c1443064879e0bad6d86"),
        "product_name" : "西红柿",
        "variety_name" : "普罗旺斯番茄",
        "producing_area" : "山东省海阳市",
        "price" : 3,
        "unit" : "斤",
        "shipping_address" : "山东省海阳市"
}
```

```
{
        "_id" : ObjectId("62d6c4ba2fca6e0caacdefc9"),
        "product_name" : "胡萝卜",
        "variety_name" : "秤杆红萝卜",
        "producing_area" : "陕西省渭南市大荔县",
        "leaf_length" : "15cm 以上",
        "price" : 0,
        "unit" : "斤",
        "shipping_address" : "陕西省渭南市大荔县"
}
{
        "_id" : ObjectId("62d6c4d22fca6e0caacdefca"),
        "product_name" : "菠菜",
        "variety_name" : "大叶菠菜",
        "producing_area" : "山东省聊城市",
        "leaf_length" : "25－30cm",
        "price" : 0.6,
        "unit" : "斤",
        "shipping_address" : "山东省聊城市东昌府区"
}
{
        "_id" : ObjectId("62d6c4d22fca6e0caacdefcb"),
        "product_name" : "山药",
        "variety_name" : "河北铁棍山药",
        "producing_area" : "河北省保定市",
        "specifications" : {
                "家庭实惠装－长 30－40cm－5 斤装 二级,5.00 斤/箱" : 24,
                "优良装.长 45－50cm.5 斤装 二级,5.00 斤/箱" : 26,
                "优选装－长 55－60cm－5 斤装 一级,5.00 斤/箱" : 28,
                "精选装－长 65－70cm－5 斤装 一级,5.00 斤/箱" : 30
        },
        "unit" : "斤",
        "shipping_address" : "河北省保定市蠡县"
}
```

MongoDB 和传统关系数据库一样，支持的查询操作相当丰富，例如条件查询、索引、聚合、排序、AND、OR、模糊查询等。MongoDB 文档查询类型如表 5-4 所示。接下来将对各个查询类型分别进行介绍。

表 5-4　MongoDB 文档查询类型

文档查询类型	说　　明
条件查询	条件判断查询，类似于传统关系数据库的 where 语句
AND、OR 查询	与传统关系数据库中的 AND、OR 查询类似
$ type 查询	通过数据类型查询
排序查询	使用 sort()方法对查询结果指定排序顺序
分页查询	使用 limit()和 skip()方法实现分页查询
索引查询	建立索引，并通过索引查询
聚合查询	主要用于处理数据(如统计平均值、求和、最值等)
其他查询	如数组中的查询、模糊查询、去重、指定返回字段等

2. 条件查询

条件操作符即为条件判断，类似于关系数据库中的 where 语句。首先将 MongoDB 数据库中的各种条件操作符与相同含义的 where 语句进行对比,便于进一步理解,如表 5-5 所示。

表 5-5　MongoDB 条件操作符与传统关系数据库 where 语句对比

操　作	格　式	示　例	关系数据库中类似语句
等于	{<key>:<value>}	db. products. find({"product_name":"菠菜"})	where product_name ="菠菜"
小于	{<key>:{ $ lt:<value>}}	db. products. find({"price":{ $ lt:0.6}})	where price < 0.6
小于或等于	{<key>:{ $ lte:<value>}}	db. products. find({"price":{ $ lte:0.6}})	where price <= 0.6
大于	{<key>:{ $ gt:<value>}}	db. products. find({"price":{ $ gt:0.6}})	where price > 0.6
大于或等于	{<key>:{ $ gte:<value>}}	db. products. find({"price":{ $ gte:0.6}})	where price >= 0.6
不等于	{<key>:{ $ ne:<value>}}	db. products. find({"price":{ $ ne:0.6}})	where price ! = 0.6

在此将对农产品电商数据库中的 products 集合进行查询,以便更好地理解与掌握条件操作符。查询 products 集合中 product_name 为"菠菜"的数据,如例 5-9 所示。

【例 5-9】　查询 products 集合中 product_name 为"菠菜"的数据

```
> db.products.find({"product_name":"菠菜"}).pretty();
{
        "_id" : ObjectId("62d6c4d22fca6e0caacdefca"),
        "product_name" : "菠菜",
        "variety_name" : "大叶菠菜",
        "producing_area" : "山东省聊城市",
        "leaf_length" : "25 - 30cm",
        "price" : 0.6,
        "unit" : "斤",
        "shipping_address" : "山东省聊城市东昌府区"
}
```

查询 products 集合中 price 小于 0.6 的数据,如例 5-10 所示。

【例 5-10】　查询 products 集合中 price 小于 0.6 的数据

```
> db.products.find({"price":{ $ lt:0.6}}).pretty();
{
        "_id" : ObjectId("62d6c4ba2fca6e0caacdefc9"),
        "product_name" : "胡萝卜",
        "variety_name" : "秤杆红萝卜",
        "producing_area" : "陕西省渭南市大荔县",
        "leaf_length" : "15cm 以上",
        "price" : 0,
        "unit" : "斤",
        "shipping_address" : "陕西省渭南市大荔县"
}
```

查询 products 集合中 price 小于或等于 0.6 的数据,如例 5-11 所示。

【例 5-11】　查询 products 集合中 price 小于或等于 0.6 的数据

```
> db.products.find({"price":{ $ lte:0.6}}).pretty();
{
```

```
        "_id" : ObjectId("62d6c4ba2fca6e0caacdefc9"),
        "product_name" : "胡萝卜",
        "variety_name" : "秤杆红萝卜",
        "producing_area" : "陕西省渭南市大荔县",
        "leaf_length" : "15cm 以上",
        "price" : 0,
        "unit" : "斤",
        "shipping_address" : "陕西省渭南市大荔县"
}
{
        "_id" : ObjectId("62d6c4d22fca6e0caacdefca"),
        "product_name" : "菠菜",
        "variety_name" : "大叶菠菜",
        "producing_area" : "山东省聊城市",
        "leaf_length" : "25 - 30cm",
        "price" : 0.6,
        "unit" : "斤",
        "shipping_address" : "山东省聊城市东昌府区"
}
```

查询 products 集合中 price 大于 0.6 的数据，如例 5-12 所示。

【例 5-12】 查询 products 集合中 price 大于 0.6 的数据

```
> db.products.find({"price":{ $ gt:0.6}}).pretty();
{
        "_id" : ObjectId("62d6c1443064879e0bad6d86"),
        "product_name" : "西红柿",
        "variety_name" : "普罗旺斯番茄",
        "producing_area" : "山东省海阳市",
        "price" : 3,
        "unit" : "斤",
        "shipping_address" : "山东省海阳市"
}
```

查询 products 集合中 price 大于或等于 0.6 的数据，如例 5-13 所示。

【例 5-13】 查询 products 集合中 price 大于或等于 0.6 的数据

```
> db.products.find({"price":{ $ gte:0.6}}).pretty();
{
        "_id" : ObjectId("62d6c1443064879e0bad6d86"),
        "product_name" : "西红柿",
        "variety_name" : "普罗旺斯番茄",
        "producing_area" : "山东省海阳市",
        "price" : 3,
        "unit" : "斤",
        "shipping_address" : "山东省海阳市"
}
{
        "_id" : ObjectId("62d6c4d22fca6e0caacdefca"),
        "product_name" : "菠菜",
        "variety_name" : "大叶菠菜",
        "producing_area" : "山东省聊城市",
        "leaf_length" : "25 - 30cm",
        "price" : 0.6,
```

```
        "unit" : "斤",
        "shipping_address" : "山东省聊城市东昌府区"
}
```

查询 products 集合中 price 不等于 0.6 的数据，如例 5-14 所示。

【例 5-14】　查询 products 集合中 price 不等于 0.6 的数据

```
> db.products.find({"price":{ $ ne:0.6}}).pretty();
{
        "_id" : ObjectId("62d6c1443064879e0bad6d86"),
        "product_name" : "西红柿",
        "variety_name" : "普罗旺斯番茄",
        "producing_area" : "山东省海阳市",
        "price" : 3,
        "unit" : "斤",
        "shipping_address" : "山东省海阳市"
}
{
        "_id" : ObjectId("62d6c4ba2fca6e0caacdefc9"),
        "product_name" : "胡萝卜",
        "variety_name" : "秤杆红萝卜",
        "producing_area" : "陕西省渭南市大荔县",
        "leaf_length" : "15cm 以上",
        "price" : 0,
        "unit" : "斤",
        "shipping_address" : "陕西省渭南市大荔县"
}
{
        "_id" : ObjectId("62d6c4d22fca6e0caacdefcb"),
        "product_name" : "山药",
        "variety_name" : "河北铁棍山药",
        "producing_area" : "河北省保定市",
        "specifications" : {
                "家庭实惠装－长 30－40cm－5 斤装 二级,5.00 斤/箱" : 24,
                "优良装.长 45－50cm.5 斤装 二级,5.00 斤/箱" : 26,
                "优选装－长 55－60cm－5 斤装 一级,5.00 斤/箱" : 28,
                "精选装－长 65－70cm－5 斤装 一级,5.00 斤/箱" : 30
        },
        "unit" : "斤",
        "shipping_address" : "河北省保定市蠡县"
}
```

3. AND、OR 查询

MongoDB 中的 find()方法支持传入多个键，每个键以逗号隔开，即为关系数据库中的 AND 条件。语法格式为 db.collection.find({key1:value1,key2:value2})。

同样以农产品电商数据库中的 products 集合操作为例，查询 products 集合中 price 大于或等于 0.6 且 producing_area（产地）为"山东省聊城市"的数据，如例 5-15 所示。

【例 5-15】　查询 products 集合中 price 大于或等于 0.6 且 producing_area（产地）为"山东省聊城市"的数据

```
> db.products.find({"price": { $ gte: 0.6},"producing_area":"山东聊城"}).pretty();
{
```

```
        "_id" : ObjectId("62d6c4d22fca6e0caacdefca"),
        "product_name" : "菠菜",
        "variety_name" : "大叶菠菜",
        "producing_area" : "山东省聊城市",
        "leaf_length" : "25－30cm",
        "price" : 0.6,
        "unit" : "斤",
        "shipping_address" : "山东省聊城市东昌府区"
    }
```

但是注意，如果 key 相同，则后面的条件会把前面的条件覆盖。若想要实现传统关系数据库中类似于 OR 的查询，则需要使用 OR 操作符，具体语法格式为 db.collection.find ({ $ or:[{key1:value1},{key2:value2}]})。查询 products 集合中 product_name 为"菠菜"或 price 等于 0.5 的数据，如例 5-16 所示。

【例 5-16】 查询 products 集合中 product_name 为"菠菜"或 price 等于 0.5 的数据

```
> db.products.find({ $ or:[{"product_name":"菠菜"},{"price":0.5}]}).pretty();
{
        "_id" : ObjectId("62d6c4d22fca6e0caacdefca"),
        "product_name" : "菠菜",
        "variety_name" : "大叶菠菜",
        "producing_area" : "山东省聊城市",
        "leaf_length" : "25－30cm",
        "price" : 0.6,
        "unit" : "斤",
        "shipping_address" : "山东省聊城市东昌府区"
}
```

同时也可实现 AND 和 OR 的联合查询，读者可自行选择数据进行实验。

3. $ type 查询

$ type 操作符是基于 BSON 类型来检索集合中匹配的数据类型，并返回结果。$ type 查询可使用的类型如表 5-6 所示。

表 5-6　$ type 查询可使用的类型

类　　型	数　　字	备　　注
Double	1	
String	2	
Object	3	
Array	4	
Binary data	5	
Undefined	6	已废弃
Object id	7	
Boolean	8	
Date	9	
Null	10	
Regular Expression	11	
JavaScript	13	
Symbol	14	

续表

类　　型	数　　字	备　　注
JavaScript(with scope)	15	
32-bit Integer	16	
Timestamp	17	
64-bit Integer	18	
Min key	255	Query with -1
Max key	127	

查询 products 集合中 product_name 为 String 的数据,如例 5-17 所示。

【例 5-17】　查询 products 集合中 product_name 为 String 的数据

```
> db.products.find({"product_name":{ $ type:'string'}}).pretty();
{
        "_id" : ObjectId("62d6c1443064879e0bad6d86"),
        "product_name" : "西红柿",
        "variety_name" : "普罗旺斯番茄",
        "producing_area" : "山东省海阳市",
        "price" : 3,
        "unit" : "斤",
        "shipping_address" : "山东省海阳市"

}
{

        "_id" : ObjectId("62d6c4ba2fca6e0caacdefc9"),
        "product_name" : "胡萝卜",
        "variety_name" : "秤杆红萝卜",
        "producing_area" : "陕西省渭南市大荔县",
        "leaf_length" : "15cm 以上",
        "price" : 0,
        "unit" : "斤",
        "shipping_address" : "陕西省渭南市大荔县"
}
{

        "_id" : ObjectId("62d6c4d22fca6e0caacdefca"),
        "product_name" : "菠菜",
        "variety_name" : "大叶菠菜",
        "producing_area" : "山东省聊城市",
        "leaf_length" : "25－30cm",
        "price" : 0.6,
        "unit" : "斤",
        "shipping_address" : "山东省聊城市东昌府区"

}
{
        "_id" : ObjectId("62d6c4d22fca6e0caacdefcb"),
        "product_name" : "山药",
        "variety_name" : "河北铁棍山药",
        "producing_area" : "河北省保定市",
        "specifications" : {
                "家庭实惠装－长 30－40cm－5 斤装 二级,5.00 斤/箱" : 24,
                "优良装.长 45－50cm.5 斤装 二级,5.00 斤/箱" : 26,
                "优选装－长 55－60cm－5 斤装 一级,5.00 斤/箱" : 28,
                "精选装－长 65－70cm－5 斤装 一级,5.00 斤/箱" : 30
        },
        "unit" : "斤",
```

```
        "shipping_address" : "河北省保定市蠡县"
}
```

4. 排序查询

MongoDB 中可使用 sort()方法对数据进行排序,sort()方法可以通过参数指定排序的字段,并使用 1 和-1 指定排序的方式,其中 1 为升序排列,而-1 为降序排列。sort()方法的基本语法为 db.collection.find().sort({key:1})。products 集合中数据按字段 price 升序排序,如例 5-18 所示。

【例 5-18】 products 集合中数据按字段 price 升序排序

```
> db.products.find().sort({"price":1}).pretty();
{
        "_id" : ObjectId("62d6c4d22fca6e0caacdefcb"),
        "product_name" : "山药",
        "variety_name" : "河北铁棍山药",
        "producing_area" : "河北省保定市",
        "specifications" : {
                "家庭实惠装-长 30-40cm-5 斤装 二级,5.00 斤/箱" : 24,
                "优良装.长 45-50cm.5 斤装 二级,5.00 斤/箱" : 26,
                "优选装-长 55-60cm-5 斤装 一级,5.00 斤/箱" : 28,
                "精选装-长 65-70cm-5 斤装 一级,5.00 斤/箱" : 30
        },
        "unit" : "斤",
        "shipping_address" : "河北省保定市蠡县"
}
{
        "_id" : ObjectId("62d6c4ba2fca6e0caacdefc9"),
        "product_name" : "胡萝卜",
        "variety_name" : "秤杆红萝卜",
        "producing_area" : "陕西省渭南市大荔县",
        "leaf_length" : "15cm 以上",
        "price" : 0,
        "unit" : "斤",
        "shipping_address" : "陕西省渭南市大荔县"
}
{
        "_id" : ObjectId("62d6c4d22fca6e0caacdefca"),
        "product_name" : "菠菜",
        "variety_name" : "大叶菠菜",
        "producing_area" : "山东省聊城市",
        "leaf_length" : "25-30cm",
        "price" : 0.6,
        "unit" : "斤",
        "shipping_address" : "山东省聊城市东昌府区"
}
{
        "_id" : ObjectId("62d6c1443064879e0bad6d86"),
        "product_name" : "西红柿",
        "variety_name" : "普罗旺斯番茄",
        "producing_area" : "山东省海阳市",
        "price" : 3,
        "unit" : "斤",
        "shipping_address" : "山东省海阳市"
}
```

5. 分页查询

若需要读取指定数量的数据记录,MongoDB 提供了 limit()方法,limit()方法的基本语法为 db.collection.find().limit(number)。

参数说明如下:

- number:指定从 MongoDB 中读取的记录条数。

MongoDB 除提供了 limit()方法读取指定数量的数据外,还支持 skip()方法来跳过指定数量的数据,skip()方法的基本语法为 db. colletion. find ( ). limit (number1). skip (number2)。

参数说明如下。

- number1:limit()方法中的参数。
- number2:表示跳过的记录条数。

结合 limit()和 skip()方法即可实现传统关系数据库中的分页查询。例如,只显示products 集合中的第 3 条数据,如例 5-19 所示。

【例 5-19】　只显示 products 集合中的第 3 条数据

```
> db.products.find().limit(1).skip(2).pretty();
{
        "_id" : ObjectId("62d6c4d22fca6e0caacdefca"),
        "product_name" : "菠菜",
        "variety_name" : "大叶菠菜",
        "producing_area" : "山东省聊城市",
        "leaf_length" : "25 - 30cm",
        "price" : 0.6,
        "unit" : "斤",
        "shipping_address" : "山东省聊城市东昌府区"
}
```

6. 索引查询

索引通常能够极大地提高查询的效率,如果没有索引,MongoDB 在读取数据时必须扫描集合中的每个文件并选取那些符合查询条件的记录。这种扫描全集合的查询效率是非常低的,特别在处理大量的数据时,查询需要花费几十秒甚至几分钟,这对网站的性能是非常致命的。

索引是特殊的数据结构,索引存储在一个易于遍历读取的数据集合中,索引是对数据库表中一列或多列的值进行排序的一种结构。从根本上说,MongoDB 中的索引与其他数据库系统中的索引类似。MongoDB 在集合层面上定义了索引,并支持对 MongoDB 集合中的任何字段或文档的子字段进行索引。MongoDB 提供了 createIndex()方法来创建索引。其基本语法格式为 db.collection.createIndex(key,options)。

参数说明如下。

- key:表示需要创建的索引字段(1 为指定按升序创建索引,-1 为指定按降序创建索引)。
- options:可选参数。

options 可选参数列表,如表 5-7 所示。

表 5-7　options 可选参数列表

参　　数	类　　型	说　　明
background	Boolean	建索引过程会阻塞其他数据库操作，background 可指定以后台方式创建索引，即增加 "background" 可选参数。"background" 默认值为 false
unique	Boolean	建立的索引是否唯一。指定为 true 可创建唯一索引。默认值为 false
name	String	索引的名称。如果未指定，MongoDB 通过连接索引的字段名和排序顺序生成一个索引名称
dropDups	Boolean	3.0+版本已废弃。在建立唯一索引时是否删除重复记录，指定为 true 可创建唯一索引。默认值为 false
sparse	Boolean	对文档中不存在的字段数据不启用索引。这个参数需要特别注意，如果设置为 true 的话，在索引字段中不会查询出不包含对应字段的文档。默认值为 false
expireAfterSeconds	Integer	指定一个以秒为单位的数值，完成 TTL(Time To Live,生存时间)设定，设定集合的生存时间
v	Index Version	索引的版本号。默认的索引版本取决于 MongoDB 创建索引时运行的版本
weights	Document	索引权重值，数值的取值范围为 1～99 999，表示该索引相对于其他索引字段的得分权重
default_language	String	对于文本索引，该参数决定了停用词及词干和词器的规则的列表。默认为英语
language_override	String	对于文本索引，该参数指定了包含在文档中的字段名，语言覆盖默认的 language，默认值为 language

相关操作有如下 4 点。

（1）查看集合所有索引：db.collection.getIndexes()。

（2）查看集合索引大小：db.collection.totalIndexSize()。

（3）删除集合所有索引：db.collection.dropIndexes()。

（4）删除集合指定索引：db.collection.dropIndex("索引名称")。

索引还存在更加复杂的操作，如复合索引等。若读者感兴趣，可自行查阅相关资料。

7. 聚合查询

MongoDB 中的聚合（Aggregate）主要用于处理数据（如统计平均值、求和等），并返回计算后的数据结果，类似于传统关系数据库中的 count(*)语句。常见的聚合表达式如表 5-8 所示。

表 5-8　常见的聚合表达式

表 达 式	说　　明
$ sum	计算总和
$ avg	计算平均值
$ min	获取集合中所有文档对应值的最小值
$ max	获取集合中所有文档对应值的最大值
$ push	将值加入一个数组中，不会判断是否有重复的值
$ addToSet	将值加入一个数组中，会判断是否有重复的值，若相同的值在数组中已经存在，则不加入
$ first	根据资源文档的排序获取第一个文档的数据
$ last	根据资源文档的排序获取最后一个文档的数据

8. 其他特殊查询

除上述查询外,MongoDB 还支持其他特殊查询,主要有数组中查询、模糊查询、去重、指定返回字段等。在 MongoDB 中可以使用正则表达式实现近似模糊查询功能。例如,查询 products 集合中 products_name 包含"菜"的数据,如例 5-20 所示。

【例 5-20】 查询 products 集合中 products_name 包含"菜"的数据

```
> db.products.find({"product_name":/菜/}).pretty();
{
        "_id" : ObjectId("62d6c4d22fca6e0caacdefca"),
        "product_name" : "菠菜",
        "variety_name" : "大叶菠菜",
        "producing_area" : "山东省聊城市",
        "leaf_length" : "25 - 30cm",
        "price" : 0.6,
        "unit" : "斤",
        "shipping_address" : "山东省聊城市东昌府区"
}
```

若想要在查询输出时只显示部分字段,MongoDB 同样支持。基本语法格式为 db.collection.find(query,{字段 1:1,字段 2:1})。

参数说明如下。

- query 表示查询条件。
- 参数 2 中的 1 表示该字段返回,0 表示不返回(若不指定_id 字段是否显示,则默认为_id 字段显示)。注意:1 和 0 不能同时使用。

例如,查询 products 集合所有数据中的 product_name 字段,如例 5-21 所示。

【例 5-21】 查询 products 集合所有数据中的 product_name 字段

```
> db.products.find({},{"product_name":1});
{ "_id" : ObjectId("62d6c1443064879e0bad6d86"), "product_name" : "西红柿" }
{ "_id" : ObjectId("62d6c4ba2fca6e0caacdefc9"), "product_name" : "胡萝卜" }
{ "_id" : ObjectId("62d6c4d22fca6e0caacdefca"), "product_name" : "菠菜" }
{ "_id" : ObjectId("62d6c4d22fca6e0caacdefcb"), "product_name" : "山药" }
```

其他特殊操作,读者可自行查阅相关资料了解并实验。

5.4.7 文档更新

文档更新语法格式如下:

```
db.collection.update(query,update,{upset:< boolean >,multi:< boolean >,writeConcern:< document >})
```

参数说明如下。

- query:必选,查询条件。
- update:必选,待更新的对象和一些更新的操作符(如 $)等。
- upset:可选,表示如果不存在 update 的记录,是否插入新的对象,true 表示插入,false 表示不插入,默认为 false。
- multi:可选,MongoDB 默认为 false,表示只更新找到的第一条数据,如果为 true,则表示对查询到的所有数据进行更新。

- writeConcern：可选，表示抛出异常的级别。

例如，修改 products 集合中所有 product_name 为"西红柿"的价格为 2.5，如例 5-22 所示。

【例 5-22】 修改 products 集合中所有 product_name 为"西红柿"的价格为 2.5

```
> db.products.update({"product_name":"西红柿"},{ $ set:{"price":2.5}},{multi:true});
WriteResult({ "nMatched" : 1, "nUpserted" : 0, "nModified" : 1 })
```

其他更新操作此处并不演示，读者可自行实验。

5.4.8　文档删除

文档删除语法格式如下：

```
db.collection.remove(query,{justOne:< boolean >,writeConcern:< document >})
```

参数说明如下。
- query：可选，查询条件。
- justOne：可选，如果设为 true 或 1，则只删除一个文档，如果不设置此参数或使用默认值 false，则删除所有匹配条件的文档。
- writeConcern：可选，抛出异常的级别。

例如，删除 products 集合中 product_name 为"西红柿"的文档数据，如例 5-23 所示。

【例 5-23】 删除 products 集合中 product_name 为"西红柿"的文档数据

```
> db.products.remove({"product_name":"西红柿"});
WriteResult({ "nRemoved" : 1 })
```

5.4.9　文档结构修改

MongoDB 作为文档数据库，除能像传统关系数据库一样实现基础的增、删、改、查外，还能轻松地实现修改文档字段、删除文档字段、添加文档字段等操作。

1. 重命名文档字段

小波发现之前设计的数据库字段名存在一些问题，只要存在长度特性的农产品，均使用的是 leaf_length 字段，这显然对于根茎类农产品是不对的。于是小波思考能否将字段名 leaf_length 修改为 length。MongoDB 显然能够轻松实现。例如，将 products 集合中的所有 leaf_length 字段修改为 length，如例 5-24 所示。

【例 5-24】 将 products 集合中的所有 leaf_length 字段修改为 length

```
> db.products.update({},{ $ rename:{"leaf_length":"length"}},{multi:true})
WriteResult({ "nMatched" : 4, "nUpserted" : 0, "nModified" : 3 })
> db.products.find().pretty();
{
        "_id" : ObjectId("62d6c4ba2fca6e0caacdefc9"),
        "product_name" : "胡萝卜",
        "variety_name" : "秤杆红萝卜",
        "producing_area" : "陕西省渭南市大荔县",
        "price" : 0,
        "unit" : "斤",
```

```
        "shipping_address" : "陕西省渭南市大荔县",
        "length" : "15cm 以上"
}
{

        "_id" : ObjectId("62d6c4d22fca6e0caacdefca"),
        "product_name" : "菠菜",
        "variety_name" : "大叶菠菜",
        "producing_area" : "山东省聊城市",
        "price" : 0.6,
        "unit" : "斤",
        "shipping_address" : "山东省聊城市东昌府区",
        "length" : "25 - 30cm"
}
{

        "_id" : ObjectId("62d6c4d22fca6e0caacdefcb"),
        "product_name" : "山药",
        "variety_name" : "河北铁棍山药",
        "producing_area" : "河北省保定市",
        "specifications" : {
                "家庭实惠装 - 长 30 - 40cm - 5 斤装 二级,5.00 斤/箱" : 24,
                "优良装 - 长 45 - 50cm - 5 斤装 二级,5.00 斤/箱" : 26,
                "优选装 - 长 55 - 60cm - 5 斤装 一级,5.00 斤/箱" : 28,
                "精选装 - 长 65 - 70cm - 5 斤装 一级,5.00 斤/箱" : 30
        },
        "unit" : "斤",
        "shipping_address" : "河北省保定市蠡县",
}
{

        "_id" : ObjectId("626fdb4e430ed4347b1cd182"),
        "product_name" : "西红柿",
        "variety_name" : "普罗旺斯番茄",
        "producing_area" : "山东省海阳市",
        "price" : 3,
        "unit" : "斤",
        "shipping_address" : "山东省海阳市"
}
```

2. 删除文档字段

近年受到天气影响,小波家乡山药的长度相比往年有所减短,只有 30~40cm 这一种规模可以出售,于是不得不删除 product_name 为"山药"的文档中原有的 specifications 字段,MongoDB 同样能够轻松实现。例如,删除 products 集合中 product_name 为山药的文档的 specifications 字段,如例 5-25 所示。

【例 5-25】 删除 products 集合中 product_name 为"山药"的文档的 specifications 字段

```
> db.products.update({"product_name":"山药"},{"$unset":{"specifications":1}});
WriteResult({ "nMatched" : 1, "nUpserted" : 0, "nModified" : 1 })
> db.products.find({"product_name":"山药"}).pretty();
{
        "_id" : ObjectId("62d6c4d22fca6e0caacdefcb"),
        "product_name" : "山药",
        "variety_name" : "河北铁棍山药",
        "producing_area" : "河北省保定市",
```

```
        "unit" : "斤",
        "shipping_address" : "河北省保定市蠡县",
}
```

3. 新增文档字段

删除 specifications 字段后，山药没有了价格和长度信息，于是需要新增 price 和 length 字段。对于文档数据库的 MongoDB 实现起来仍然十分轻松。例如，在 products 集合中 product_name 为山药的文档中新增 price 和 length 字段，如例 5-26 所示。

【例 5-26】　在 products 集合中 product_name 为"山药"的文档中新增 price 和 length 字段

```
> db.products.update({"product_name":"山药"},{ $ set:{"price":4.0,"length":"30-40cm"}});
WriteResult({ "nMatched" : 1, "nUpserted" : 0, "nModified" : 1 })
> db.products.find({"product_name":"山药"}).pretty();
{
        "_id" : ObjectId("62d7ae7c2fca6e0caacdefcd"),
        "product_name" : "山药",
        "variety_name" : "河北铁棍山药",
        "producing_area" : "河北省保定市",
        "unit" : "斤",
        "shipping_address" : "河北省保定市蠡县",
        "length" : "30-40cm",
        "price" : 4
}
```

此处仅简单介绍了 MongoDB 作为文档数据库的灵活之处，具体操作读者可自行查阅资料了解并学习，进一步感受 MongoDB 的便捷与灵活。

5.4.10　小结

5.4 节为本章的重难点内容，读者需要认真理解与掌握，可以通过本章所给的示例进行实验。本节仅介绍了 MongoDB 中数据库、集合和文档的简单操作，更深入的操作读者可自行查阅资料学习了解。

视频讲解

5.5　MongoDB 基于图形化管理工具的图数据库查询方法

在 5.3.1 节 MongoDB 数据库的安装中，已简单提及 MongoDB Compass 图形化界面管理工具。MongoDB Compass 工具为 MongoDB 官方自带的图形化管理工具，相比于命令行界面更加便捷易用。

5.5.1　MongoDB Compass 的简单使用

MongoDB Compass 登录主页面如图 5-9 所示。
使用 MongoDB Compass 新建连接，如图 5-10 所示。
此处默认使用本机 27017 端口连接 MongoDB 数据库，同时可以通过展开 Advanced Connection Options（高级连接选项）设置更多的信息。
MongoDB Compass 连接后主页面如图 5-11 所示。

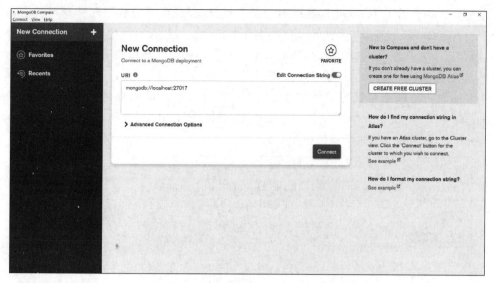

图 5-9　MongoDB Compass 登录主页面

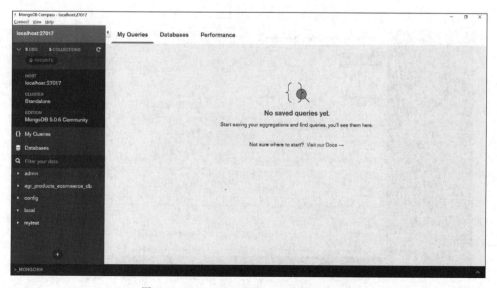

图 5-10　MongoDB Compass 新建连接

图 5-11　MongoDB Compass 连接后主页面

左侧导航栏显示了 MongoDB 数据库的版本信息，以及存在的数据库信息等。上方导航栏分别为 My Queries（搜索）、Databases（数据库）、Performance（可视化展示）功能。需要注意的是，在页面下方存在_MONGOSH，即 5.5 节重点介绍的命令行模式下操作 MongoDB，将其内嵌至 MongoDB Compass 中，便于切换使用。

　　小波的农产品电商数据库设计又更进了一步，打开农产品电商数据库（agr_products_ecommerce_db），在 5.5 节中已经创建了 products 集合，打开 products 集合，可看到相关数据。products 集合部分数据可视化如图 5-12 所示。

图 5-12　products 集合部分数据可视化

5.5.2　MongoDB Compass 的数据库操作

　　MongoDB Compass 支持 5.4 节基于命令行的所有操作指令，且更加简单易用，此处首先介绍数据库操作。

　　单击左侧导航栏的 Databases 按钮即可跳转至数据库操作界面。数据库操作界面如图 5-13 所示。

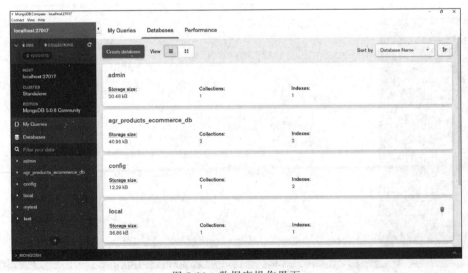

图 5-13　数据库操作界面

1. 创建数据库操作

单击 Create Database 按钮,即可创建数据库。MongoDB Compass 创建数据库时,除需要指定创建的数据库名外,还需要指定其中的一个集合名。使用 MongoDB Compass 创建数据库,如图 5-14 所示。读者还可展开 Advanced Collection Options 选项卡,对创建的集合进行高级设置。

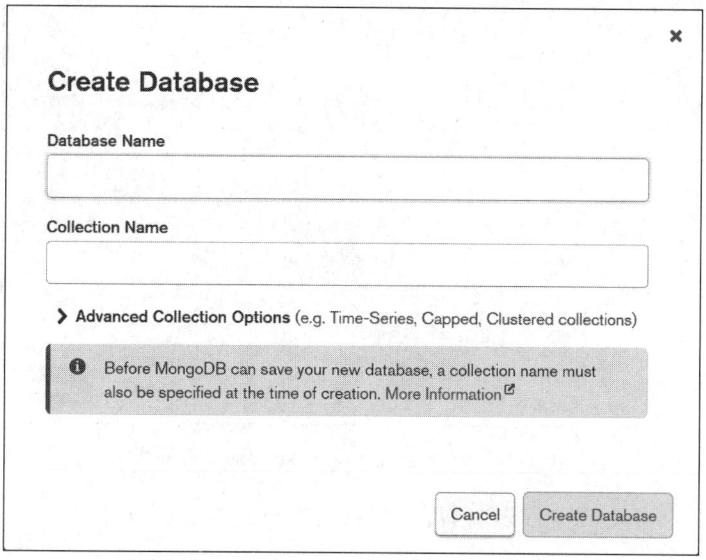

Create Database

Database Name

Collection Name

› **Advanced Collection Options** (e.g. Time-Series, Capped, Clustered collections)

ℹ Before MongoDB can save your new database, a collection name must also be specified at the time of creation. More Information

Cancel　Create Database

图 5-14　使用 MongoDB Compass 创建数据库

2. 删除数据库操作

在 MongoDB Compass 中,只需单击某个数据库右上角的删除图标,即可实现删除数据库操作。为了防止误操作,MongoDB Compass 还需要输入删除的数据库名进行二重验证。

5.5.3　MongoDB Compass 的集合操作

与数据库操作类似,单击 Create collection 按钮即可创建集合,单击某个集合右上角的删除图标即可实现删除集合操作,同样需要二重验证。单击集合即可查看当前集合中的所有文档,具体文档操作将在 5.5.4 节介绍。

5.5.4　MongoDB Compass 的文档操作

1. 文档添加操作

单击 ADD DATA 按钮,可选择 Import File(导入文件)和 Insert Document(插入文档)选项。此处以 Insert Document(插入文档)选项为例。MongoDB Compass 添加文档操作如图 5-15 所示。

此处_id 会自动生成,可自行修改,但需要确保唯一性。

2. 文档更新操作

鼠标光标浮于文档上方,右侧会显示 4 个操作按钮,其中第一个按钮为 Edit document(更

图 5-15 MongoDB Compass 添加文档操作

新文档）。单击 Edit document 按钮便可直接在其上方进行更新操作。

3. 文档删除操作

与文档更新操作类似，文档删除（Remove document）按钮在右侧 4 个操作按钮中的第 4 个。单击 Remove document 按钮便可直接删除当前文档。

4. 文档查询操作

文档可视化上面有一个搜索框，即为文档查询功能，直接输入查询条件即可。例如，查询 products 集合中 product_name 为"菠菜"的数据，如图 5-16 所示。

图 5-16 查询 products 集合中 product_name 为"菠菜"的数据

展开右侧的 OPTIONS 按钮,可输入更多的查询条件,实现 5.5.4 节中的各种查询功能。MongoDB Compass 高级查询选项如图 5-17 所示。

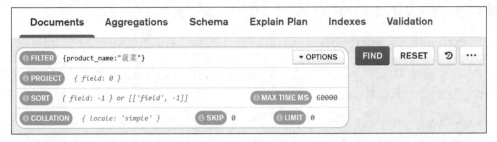

图 5-17　MongoDB Compass 高级查询选项

灵活使用 OPTIONS 中的各种查询条件,可实现基于命令行界面的所有查询操作。例如,查询 products 集合中 price 大于或等于 0.6 的文档的 product_name 和 price 信息,且以 price 升序显示,如图 5-18 所示。

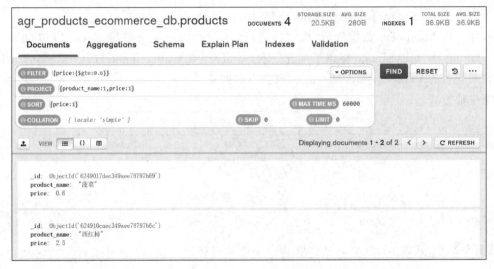

图 5-18　查询 products 集合中 price 大于或等于 0.6 的文档的 product_name 和 price 信息,且以 price 升序显示

5.6　MongoDB 基于 Python 的数据库连接和查询

5.1 节 MongoDB 数据库的简介中已提及 MongoDB 支持多种语言,如 Python、Java 等。随着近年来人工智能的火热,Python 的热度也推上顶峰。Python 凭借其简单易用、高可读性等特点,近年来被人们广泛使用。Python 的设计具有很高的可读性,同时又是一种交互式语言,对于初学者极其友好。又因其也是面向对象语言,能够很好地对代码和对象进行封装。因此,本节将重点介绍 Python 如何连接 MongoDB 数据库,并进行相应的操作。

注意:本节的所有实验均基于 Python 3.9 进行,Python 2.x 版本可能存在相关操作无法使用的情况。使用的编译器为 VS Code,读者也可使用其他编译器在自己的实验环境下运行相应的代码。

5.6.1　PyMongo

PyMongo 是 Python 提供的操作 MongoDB 数据库的安装包,基于 PyMongo 能够非常方便地操作 MongoDB 数据库。

首先安装 PyMongo，可直接通过命令 pip3 install pymongo 进行安装。若通过 Anaconda 管理 Python，则可以通过 conda/pip install pymongo 命令安装。

5.6.2　Python 连接 MongoDB

PyMongo 通过 MongoClient()方法对 MongoDB 数据库进行连接。所有连接均为本地连接，且端口为 27107（默认端口）。

```
＃无密码连接
import pymongo
client = pymongo.MongoClient(host = '127.0.0.1', port = 27017)
＃有密码连接
import pymongo
client = pymongo.MongoClient(host = '127.0.0.1', port = 27017, username = '用户名', password =
'密码')
```

使用 print(client.server_info())判断是否连接成功。

成功连接 MongoDB 数据库后，可直接通过此前的 client 对象获取 Database（数据库）和 Collection（集合）。PyMongo 提供了两种获取 Database 和 Collection 的方式，若 MongoDB 中没有输入同名的 Database 和 Collection，则会自动创建。

第一种方式：

```
mongo_db = mongo_client['数据库名']
mongo_collection = mongo_db['集合名']
```

第二种方式：

```
mongo_db = mongo_client.数据库名
mongo_collection = mongo_db.集合名
```

【例 5-27】　连接 MongoDB 并获取农产品电商数据库（agr_products_ecommerce_db）的信息

```
import pymongo
client = pymongo.MongoClient('127.0.0.1',27017)
agr_products_ecommerce_db = client['agr_products_ecommerce_db']
print(agr_products_ecommerce_db)
```

【例 5-28】　连接 MongoDB 并获取 products 集合信息

```
import pymongo
client = pymongo.MongoClient('127.0.0.1',27017)
agr_products_ecommerce_db = client['agr_products_ecommerce_db']
products_col = agr_products_ecommerce_db['products']
print(products_col)
```

5.6.3　Python 对文档的 CURD 操作

MongoDB 数据库的核心为文档，文档为 MongoDB 数据库的最小组成部分。因此，本小节将基于 Python 实现对文档的 CURD 操作，即 Create（创建）、Update（更新）、Retrieve（读取）和 Delete（删除）。

1. 基于 Python 的文档创建

与命令行界面相同,PyMongo 同样支持单条数据的插入和多条数据的插入,分别由 insert_one()函数和 insert_many()函数实现。

基本语法为:col.insert_one(document)和 col.insert_many(documents)。

- col:待插入文档所在的集合。
- document:待插入的单条文档。
- documents:待插入的多条文档。

【例 5-29】　在 products 中插入单条数据。

```
import pymongo
client = pymongo.MongoClient('127.0.0.1',27017)
agr_products_ecommerce_db = client['agr_products_ecommerce_db']
products_col = agr_products_ecommerce_db['products']
doc = {
    "product_name": "菠菜",
    "variety_name": "大叶菠菜",
    "producing_area": "山东省聊城市",
    "leaf_length": "25 - 30cm",
    "price": 0.6,
    "unit": "斤",
    "shipping_address": "山东省聊城市东昌府区"
}
res = products_col.insert_one(doc) ♯ 返回插入的对象
print(res)
```

2. 基于 Python 的文档查询

文档插入同样支持查询多条数据和一条数据,查询条件可随意设置,通过有效的查询条件可实现 5.5.4 节中所有的文档查询指令。PyMongo 主要提供了两种方法:find_one()和 find()。

- find_one():匹配第一条满足查询条件的数据,结果以 Dict(字典)形式返回。若没有查询到结果,则返回 None。
- find():返回所有满足查询条件的数据。

基本语法为:find_one(query,options)和 find(query,options)。

参数说明如下。

- query:查询条件。
- options:可选参数,如投影、排序等。

【例 5-30】　查询 products 集合中 product_name 为"西红柿"的数据

```
import pymongo
client = pymongo.MongoClient('127.0.0.1',27017)
agr_products_ecommerce_db = client['agr_products_ecommerce_db']
products_col = agr_products_ecommerce_db['products']
query = {'product_name':'西红柿'}
res = products_col.find(query) ♯ 查询到的所有数据
for x in res:
    print(x)
```

文档查询操作相当丰富,读者可查阅相关资料进行更加复杂的查询。

3. 基于 Python 的文档更新

对于更新操作，PyMongo 提供了 update_one() 和 update_many() 函数，通过传入相关参数，可以实现非常丰富的操作，例如更新时，若没有满足条件，则插入数据等。

- update_one()：只会更新满足条件的第一条数据。
- update_many()：更新所有满足条件的数据。

基本语法为：update_one(query,values)和 update_many(query,values)。

参数说明如下。

- query：查询条件。
- values：修改后的数值。

【例 5-31】　更新 products 集合中 product_name 为"西红柿"的第一条文档的 price 字段值为 2.6

```
import pymongo
client = pymongo.MongoClient('127.0.0.1',27017)
agr_products_ecommerce_db = client['agr_products_ecommerce_db']
products_col = agr_products_ecommerce_db['products']
query = {'product_name':'西红柿'}
new_data = {'$set':{'price':2.6}}
res = products_col.update_one(query,new_data)
print(res.modified_count)    # 返回修改的条数
```

4. 基于 Python 的文档删除

关于文档删除操作，PyMongo 同样提供了两种方式，分别为 delete_one() 和 delete_many()。

- delete_one()：删除满足条件的第一条数据。
- delete_many()：删除满足条件的所有数据。

基本语法为：delete_one(query)和 delete_many(query)。

参数说明如下。

- query：查询条件。

【例 5-32】　删除 products 集合中 product_name 为"菠菜"的所有文档

```
import pymongo
client = pymongo.MongoClient('127.0.0.1',27017)
agr_products_ecommerce_db = client['agr_products_ecommerce_db']
products_col = agr_products_ecommerce_db['products']
query = {'product_name':'菠菜'}
res = products_col.delete_many(query)
print(res.deleted_count)    # 成功删除的文档条数
```

视频讲解

5.7　MongoDB 的维护

5.7.1　MongoDB Database Tools 的安装与使用

1. MongoDB Database Tools 的安装

MongoDB 新版安装包并不包含相关工具包，如 mongoimport、mongoexport、mongodump

等,但是 MongoDB 官方提供了 MongoDB Database Tools,支持对 MongoDB 进行各种维护操作。

MongoDB Database Tools 的下载地址详见前言二维码。MongoDB 提供了两种下载方式,分别为.msi 文件和.zip 文件。本节针对.msi 文件进行安装介绍。下载并安装后,直接用鼠标双击安装包即可开始安装,其间支持自定义安装路径。MongoDB Database Tools 自定义安装路径如图 5-19 所示。此处为默认安装路径。

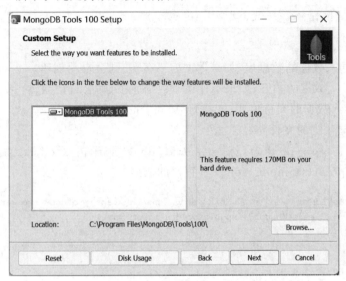

图 5-19　MongoDB Database Tools 自定义安装路径

MongoDB Database Tools 包含的工具如图 5-20 所示。MongoDB 的数据导入和导出、数据备份、数据恢复等都将借助其中的工具。

bsondump.exe	2022/2/1 13:49	应用程序	18,710 KB
libsasl.dll	2022/2/1 13:50	应用程序扩展	112 KB
mongodump.exe	2022/2/1 13:49	应用程序	22,378 KB
mongoexport.exe	2022/2/1 13:50	应用程序	21,945 KB
mongofiles.exe	2022/2/1 13:50	应用程序	23,126 KB
mongoimport.exe	2022/2/1 13:50	应用程序	22,288 KB
mongorestore.exe	2022/2/1 13:50	应用程序	22,835 KB
mongostat.exe	2022/2/1 13:50	应用程序	21,607 KB
mongotop.exe	2022/2/1 13:50	应用程序	21,219 KB

图 5-20　MongoDB Database Tools 包含的工具

2. MongoDB Database Tools 的使用

MongoDB Database Tools 的使用方式有如下两种。

(1) 用命令提示符(CMD)窗口打开 MongoDB Database Tools 安装路径下的 bin 文件,输入相关命令。

(2) 将安装路径下的 bin 文件添加至 path 环境变量,之后可在任意位置打开命令提示符(CMD)窗口输入相关命令。

本节后续操作将针对第一种使用方式进行演示与讲解。

5.7.2 MongoDB 数据导入和导出

1. MongoDB 数据导入

MongoDB 借助 mongoimport 命令实现对数据的批量导入。具体操作指令如下：

```
mongoimport -d 数据库名 -c 集合名 --type csv|json --file 文件路径
```

参数说明如下。
- -d：需要导入数据的数据库，如果数据库不存在，则会自动创建。
- -c：需要导入数据的集合，如果不存在于数据库中，则会自动创建。
- --type：导入数据的文件格式，支持 CSV 和 JSON 格式。
- --file：存储数据的文件路径。

【例 5-33】 向 agr_products_ecommerce_db 数据库的 products 集合中导入 E:\MongoDB\input\products_input.json 文件存储的数据

```
C:\Program Files\MongoDB\Tools\100\bin > mongoimport -d agr_products_ecommerce_db -c products
--type json --file E:\MongoDB\input\products_input.json
2022-07-20T09:35:04.969+0800 connected to: mongodb://localhost/
2022-07-20T09:35:04.986+0800 2 document(s) imported successfully. 0 document(s) failed to
import.
```

2. MongoDB 数据的导出

MongoDB 借助 **mongoexport** 命令实现对数据的批量导出。具体操作指令如下：

```
mongoexport -d 数据库名 -c 集合名 -f field1,field2... -q 查询条件 -o 导出的文件路径
```

参数说明如下。
- -d：需要导出数据的数据库。
- -c：需要导出数据的集合。
- -f：需要导出数据的字段。
- -q：导出数据的查询条件。
- -o：导出数据存储的文件路径。

【例 5-34】 将 agr_products_ecommerce_db 数据库中 products 集合所有数据导出并存储至 E:\MongoDB\output\products_output.json 中

```
C:\Program Files\MongoDB\Tools\100\bin > mongoexport -d agr_products_ecommerce_db -c products
-o E:\MongoDB\output\products.json
2022-07-20T09:39:34.106+0800 connected to: mongodb://localhost/
2022-07-20T09:39:34.130+0800 exported 5 records
```

5.7.3 MongoDB 数据备份

MongoDB 借助 **mongodump** 命令实现对 MongoDB 数据的备份。该命令可以导出所有数据到指令目录中。同时，mongodump 命令可以指定需要转存的服务器等。具体操作指令如下：

```
mongodump - h dbhost - d dbname - o dbdirectory
```

参数说明如下。

- -h：需要备份的服务器 IP 及端口(若不指定,则默认为本地服务器的 27017 端口)。
- -d：需要备份的数据库名。
- -o：备份数据存储的文件夹路径。

【例 5-35】 将本地服务器中的 agr_products_ecommerce_db 数据库备份至 E:\MongoDB\mongodump 文件夹中

```
C:\Program Files\MongoDB\Tools\100\bin > mongodump - h 127.0.0.1 - d agr_products_ecommerce_db
 - o E:\MongoDB\mongodump
2022 - 07 - 20T09:48:14.407 + 0800 writing agr_products_ecommerce_db.products to E:\MongoDB\
mongodump\agr_products_ecommerce_db\products.bson
2022 - 07 - 20T09:48:14.418 + 0800 done dumping agr_products_ecommerce_db.products (5 documents)
```

除上述指令外,mongodump 命令还支持其他参数。mongodump 命令可选参数列表如表 5-9 所示。

表 5-9　mongodump 可选参数列表

语　　法	描　　述	示　　例
mongodump --host host_name --port port_number	备份服务器名为 host_name 的所有 MongoDB 数据	mongodump --host 127.0.0.1 --port 27017
mongodump --dbpath db_path --out backup_dir	将 db_path 路径下所有 MongoDB 数据备份至 backup_dir 中	mongodump --dbpath/data/db/ --out /data/backup/
mongodump --collection col_name --db db_name	备份 db_name 数据中的 col_name 集合	mongodump --collection products --db agr_products_ecommerce_db

5.7.4　MongoDB 数据恢复

MongoDB 使用 mongorestore 命令恢复备份的数据。具体操作指令如下：

```
mongorestore - h < hostname ><:port > - d dbname < path >
```

参数说明如下。

- --host <:port > ,-h <:port >：MongoDB 所在服务器地址,默认为 localhost:27017。
- --db ,-d：需要恢复的数据库名(这个名词可以和备份时的名词不相同)。
- --drop：恢复的时候,先删除当前数据,然后恢复备份的数据。
- < path >：指定备份数据所在目录,例如 E:\MongoDB\mongodump\agr_products_ecommerce_db。注意：不能同时指定< path >和--dir 选项,--dir 也可以设置备份目录。
- --dir：指定备份数据的目录。

其中,<>表示的选项为可选选项。

【例 5-36】 恢复 agr_products_ecommerce_db 数据库

```
C:\Program Files\MongoDB\Tools\100\bin > mongorestore - h localhost:27017 - d agr_products_
ecommerce_db E:\MongoDB\mongodump\agr_products_ecommerce_db
2022 - 07 - 20T10:04:08.239 + 0800 The -- db and -- collection flags are deprecated for this use-
case; please use -- nsInclude instead, i.e. with -- nsInclude = ${DATABASE}.${COLLECTION}
```

```
2022 − 07 − 20T10:04:08.249 + 0800 building a list of collections to restore from E:\MongoDB\
mongodump\agr_products_ecommerce_db dir
2022 − 07 − 20T10:04:08.251 + 0800 reading metadata for agr_products_ecommerce_db.products from
E:\MongoDB\mongodump\agr_products_ecommerce_db\products.metadata.json
2022 − 07 − 20T10:04:08.268 + 0800 restoring agr_products_ecommerce_db.products from E:\MongoDB\
mongodump\agr_products_ecommerce_db\products.bson
2022 − 07 − 20T10:04:08.292 + 0800 finished restoring agr_products_ecommerce_db.products (5
documents, 0 failures)
2022 − 07 − 20T10:04:08.293 + 0800 no indexes to restore for collection agr_products_ecommerce_
db.products
2022 − 07 − 20T10:04:08.296 + 0800 5 document(s) restored successfully. 0 document(s) failed to
restore.
```

5.8 MongoDB 的拓展知识

5.8.1 MongoDB 的注意事项

MongoDB 作为文档数据库，具有简单易用、可扩展性强等特点。本小节以**农产品电商数据库**（agr_products_ecommerce_db）的设计与实现展开，在添加农产品信息时不难发现，不同类型的农产品具有不同的字段，MongoDB 无须像传统关系数据库一样，提前声明各个字段名称以及数据类型，直接以文档形式添加即可。同时，也可轻松实现添加字段、字段重命名、修改字段类型、删除字段等操作。

但 MongoDB 具有灵活便捷等优点的同时，也存在相关不足，具体为如下 3 点。

(1) 事务隔离等级不足：目前版本支持副本集事务和分布式事务。MongoDB 的事务隔离等级对于一些 NoSQL 的应用是够的，但对一些关键业务场景（例如银行）是不够的。

(2) 占用内存过大：每次空间不足时，会申请一大块硬盘空间。同时，删除记录并不释放空间，而只是标记为"已删除"。

(3) 没有像 MySQL 一样有成熟的维护工具。

5.8.2 其他类似数据库

MongoDB 作为文档数据库的代表，其文档完善、社区活跃，受到广大开发者的学习与探索。但除此之外，还存在一些其他的文档数据库也被应用，具体有以下 4 种。

1. Amazon DynamoDB

DynamoDB 由亚马逊团队开发，是一个完全托管的 NoSQL 数据库服务。在开发的易用角度，DynamoDB 没有 MongoDB 强大，但是从运维的角度来看，DynamoDB 省去了开发者部署、监控、维护数据库环境，节约了大量时间，同时强大的扩展能力又减轻了后续运维的压力。

2. Microsoft Azure Cosmos DB

Azure Cosmos DB 由微软开发，是第一个全球分布式的多模型数据库服务，用于构建全球范围规模的应用。Azure Cosmos DB 无须复杂的多数据库中心配置，就可以构建全球分布式应用程序，但是只支持在云端 Azure 使用，且目前不支持关系数据库模型和 SQL。

3. Couchbase

Couchbase 是一个用于交互式 Web 应用的 NoSQL 数据库。它是一个易于扩展的数据库,具有高度灵活的数据模型,可提供高性能。

4. Firebase Realtime Database

Firebase 由 Google 在 2012 年开发。它是一个用于实时存储和同步数据的数据库。它是个由云托管的实时文档存储,可以灵活地从任何设备访问数据。

5.9 本章习题

1. MongoDB 数据库中的(　　)类比于关系数据库中的行或记录。

    A. 表格　　　　　B. 集合　　　　　C. 文档　　　　　D. 字段

2. (多选)下面哪几种类型是 MongoDB 支持的类型(　　)。

    A. 字符串　　　　B. 日期　　　　　C. 数组　　　　　D. 正则表达式　　　　E. 对象

3. (多选)与数据库备份直接相关的指令为(　　)。

    A. mongodump　　　　　　　　　　B. mongorestore

    C. mongoimport　　　　　　　　　　D. mongoexport

4. MongoDB 的默认数据库有哪些,分别代表什么含义?

5. 请简述 MongoDB 的特点和应用场景。

6. 要将服务器名为 test 的所有数据备份到/data 目录(其中开放端口为 27017),需要执行的命令是什么?

7. 假设目前存在 products 集合信息如下:

```
{
        "_id" : ObjectId("6352605a1d56b3803df4cd9d"),
        "product_name" : "胡萝卜",
        "variety_name" : "秤杆红萝卜",
        "producing_area" : "陕西省渭南市大荔县",
        "leaf_length" : "15cm 以上",
        "price" : 0.5,
        "unit" : "斤",
        "shipping_address" : "陕西省渭南市大荔县"
}
{
        "_id" : ObjectId("6352605a1d56b3803df4cd9e"),
        "product_name" : "菠菜",
        "variety_name" : "大叶菠菜",
        "producing_area" : "山东省聊城市",
        "leaf_length" : "25－30cm",
        "price" : 0.6,
        "unit" : "斤",
        "shipping_address" : "山东省聊城市东昌府区"
}
```

```
{
        "_id" : ObjectId("6352605a1d56b3803df4cd9f"),
        "product_name" : "山药",
        "variety_name" : "河北铁棍山药",
        "producing_area" : "河北省保定市",
        "unit" : "斤",
        "shipping_address" : "河北省保定市蠡县",
        "length" : "30－40cm",
        "price" : 4
}
{
        "_id" : ObjectId("6354f5d3fd31334cec82b877"),
        "product_name" : "西红柿",
        "variety_name" : "普罗旺斯番茄",
        "producing_area" : "山东省海阳市",
        "leaf_length" : "15cm 以上",
        "price" : 3,
        "unit" : "斤",
        "shipping_address" : "山东省海阳市"
}
```

参考 5.4.6 节的文档查询操作，实现查询 products 集合中所有商品价格的总和、平均值、最大值和最小值的语句。

8. 假设目前 products 集合如题 7 所示，参考 5.4.9 节的文档结构修改操作，实现将 price 字段修改为 unit_price，集合所有文档新增 others 字段（值为 null）。

9. MongoDB 中的分片是什么意思？

10. MongoDB 有哪些索引类型？

第 **6** 章

图数据库Neo4j的原理与应用

6.1 图数据库简介

图数据库是一种专门用于存储和查询关系的数据库。图数据库存储的是节点和关系,而不是表或文档,因此图数据库是一类非关系数据库。在图数据库中,数据的存储就像在白纸上画草图一样,数据存储不受预定义模型的限制,允许以非常灵活的方式思考和使用。

图数据库中的每个节点可以有任意数量和类型的关系。而每条边总是有开始节点、结束节点、类型和方向。很多公司和单位使用图数据库来从数据中提取隐藏着的关系和规律,进而解决很多复杂和困难的信息检索问题。

图数据库变得越来越流行,因为我们生活在一个相互联系的世界中,理解大多数领域需要处理丰富的联系集来理解真正发生的事情。通常,我们发现项目之间的联系和项目本身一样重要。

虽然现有的关系数据库可以存储这些关系,但它们使用昂贵的 JOIN 操作或交叉查找来导航这些关系,通常与刚性模式相关。事实证明,关系数据库处理关系的能力很差。在图形数据库中,没有 JOIN 操作或交叉查找,关系以一种更灵活的格式与数据元素(节点)一起在本地存储,系统的一切都为快速遍历数据而优化,通常每核每秒能处理数百万个连接,这在传统的关系数据库中是很难实现的。

图数据库解决了我们每天都要面对的重大挑战。当代的数据分析问题经常涉及与异构数据的多对多关系,比如探查各类信息之间的深层次结构,查找不直接关联的信息之间的隐藏联系等。无论是社交网络、支付网络还是道路网络,你会发现一切都是相互关联的关系图。当我们想要询问关于现实世界的问题时,许多问题都是关于关系,而不是关于单个数据元素。

面对上述问题,图数据库是比较理想的解决方案。你将在本章通过学习一种流行的图数据库 Neo4j 来进入图数据库的世界,并掌握一种擅长表征和分析关系的数据库工具。

6.2 图数据库 Neo4j 简介

Neo4j 是由 Neo4j 股份有限公司开发的图数据库管理系统,是当前(2022 年)在世界范围内的一种主流的图数据库。它不仅可以存储和管理图数据,还支持事务等商用数据库应用场景所需要的功能。Neo4j 的基础功能是开源的,但有些高级功能是闭源的。它有功能受限的免费版可以使用,免费版的功能已经可以满足初学者和常规中小型应用的基本需求。它也有

收费的商业版可以使用,商业版具有更强大的存储能力,更多商务相关的功能。Neo4j 是用
Java 语言实现的,这就是其名称中包含 j 的原因。但 Neo4j 同样可以通过支持事务的 HTTP
或二进制 Bolt 协议从其他语言编写的软件访问,比如 Python 语言。

本书选择 Neo4j 作为图数据库工具,是因为它有免费版本可以使用,而且在全世界范围内
都比较流行,不仅各项工具齐全,而且有大量教程可供学习。我们会像对 openGauss 和
mongoDB 的学习那样,示范在 Docker 平台上快捷安装 Neo4j 的方法,以及如何使用直观的图
形化工具来实现对 Neo4j 的管理和查询,当然也会讲解如何用 Python 语言来访问和使用
Neo4j 图数据库。本书采用的 Neo4j 版本是 5.1。

6.3 Neo4j 的相关基本概念

6.3.1 节点、关系和属性

在 Neo4j 中,信息被组织为节点(Node)、关系(Relation)和属性(Property)。其中节点是
图中的实体。节点可以用标签(Label)进行标记,也可以包含任意数量的键-值对或属性。而
关系提供了两个节点实体之间的有向的、命名的连接。关系总是有一个方向、一个类型、一个
开始节点和一个结束节点,它们可以像节点一样具有属性。节点可以具有任意数量或类型的
关系。

图 6-1 给出了一组图数据,其中包含 3 个节点和 3 个关系。节点用圆形表示,关系用直线
边表示。无论是节点还是关系,都可以包含属性。每个属性是一个键-值对,其中键和值之间
用冒号分隔。每个节点都有标签来标记它的类型,标签是位于节点中以冒号开头的文本,比如
图 6-1 有 3 个节点,但上面两个节点的标签都是":人"。

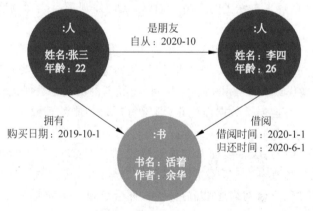

图 6-1 节点与关系示意图

Neo4j 图数据库将所有数据存储在节点和关系中。它不需要依赖任何额外的关系数据库
来存储数据,而是以原生的图的形式来存储数据,所以它的内部实现机制与关系数据库相比是
迥然不同的。

6.3.2 系统数据库和默认数据库

新安装的 Neo4j 数据库系统中会默认内置两个数据库,分别是系统数据库和默认数据库,
前者负责存储与系统运行参数和安全性配置有关的信息,后者负责存储用户输入的图数据。
前者的名字是 system,后者的名字是 Neo4j。

在免费版的 Neo4j 中,只支持用户使用名为 Neo4j 的默认数据库来存储和管理数据。在收费的商业版 Neo4j 中,支持创建多个用户数据库。这个名为 Neo4j 的默认数据库(default database)有时也被称为 home database,因为所有用户录入的图数据都默认存放在这个数据库中。

本书使用免费版的 Neo4j 数据库,由于只能在默认数据库中管理数据,因此我们不再详细讲解如何创建数据库、删除数据库、修改数据库等操作,因为这些操作只对收费的商业版才有用。尽管如此,拥有一个用户数据库对于我们学习图数据库就足够了,甚至对于常规的图数据库应用也是足够的,若实在需要多个图数据库,则可以再运行一个 Neo4j 容器。

6.3.3 Cypher 查询语言

Cypher 之于 Neo4j 就如同 SQL 之于 openGauss。简而言之,Cypher 是 Neo4j 图形数据库的查询语言,是一种声明式模式匹配语言,遵循与 SQL 类似的语法,语法非常简单,比较易读易懂。

与 SQL 类似,Cypher 也有执行数据库操作的命令。它支持许多子句,如 WHERE、ORDER BY 等,能以简单的方式编写非常复杂的查询。它还支持一些函数来处理字符串和进行聚合统计。除此之外,它还支持一些关系函数。

图 6-2 是 Neo4j 官方网站上的一个关于 Cypher 语句的示意图。

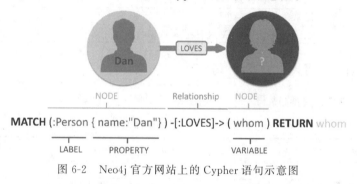

图 6-2 Neo4j 官方网站上的 Cypher 语句示意图

图 6-2 中用黑色粗体字代表 Cypher 的两个关键词 MATCH 和 RETURN,前者开启一个查询,后者返回查询结果。这个查询是以"节点＋关系＋节点"的格式,比如图 6-2 中的左侧节点是名叫 Dan 的节点,其标签显示 Dan 是一个人,关系是 LOVES;右侧节点是个待查询的变量 whom;RETURN 后面的返回值也是 whom。这条语句是要查询 Dan 爱的对象。从这条示范语句可以看出,Cypher 和 Neo4j 对事物之间的关系具有良好的表达能力和查询能力。

6.4 Cypher 语言基础

Cypher 与 SQL 类似,其语法关键字和符号也是英文的,也是与大小写无关的。

视频讲解

6.4.1 常用的数据类型

Cypher 语言中的常用数据类型如表 6-1 所示。

表 6-1 Cypher 语言中的常用数据类型

数 据 类 型	说　　明
Boolean	保存布尔类型数据,值为 true 或 false
Byte	保存 8-bit 的整数

续表

数 据 类 型	说　　明
Short	保存 16-bit 的整数
Int	保存 32-bit 的整数
Long	保存 64-bit 的整数
Float	保存 32-bit 的浮点数
Double	保存 64-bit 的浮点数
Char	保存用 2 字节编码的字符
String	保存字符串

6.4.2　用于读取和查询信息的子句

Cypher 语言中常用的查询子句如表 6-2 所示。

表 6-2　Cypher 语言中常用的查询子句

子语句关键字	说　　明
MATCH	以某种条件来查询数据
OPTIONAL MATCH	与 match 的作用基本相同，唯一的区别是它可以在条件存在部分缺失的情况下用空值来代替缺失的条件完成查询
WHERE	用来添加查询条件
LOAD CSV	该子句用于从 CSV 文件导入数据

6.4.3　用于修改和写入信息的子句

Cypher 语言中常用的修改与写入子句如表 6-3 所示。

表 6-3　Cypher 语言中常用的修改与写入子句

子语句关键字	说　　明
CREATE	此子句用于创建节点、关系和属性
MERGE	此子句用于验证图中是否存在指定的模式。如果没有，它将创建此模式
SET	此子句用于更新节点上的标签、属性以及关系
DELETE	此子句用于从图中删除节点、关系等
REMOVE	此子句用于从节点和关系中删除属性等元素
FOREACH	此子句用于从节点和关系列表中更新数据

6.4.4　其他常用的子句

Cypher 语言中其他常用的子句如表 6-4 所示。

表 6-4　Cypher 语言中其他常用的子句

子语句关键字	说　　明
RETURN	此子句用于定义查询结果集中包含的内容
ORDER BY	此子句用于按顺序排列查询的输出。它与子句 RETURN 或 with 一起使用
LIMIT	此子句用于将结果中的行数限制为特定值
SKIP	此子句用于定义从哪一行开始，包括输出中的行
WITH	此子句用于将查询部分链接在一起
UNWIND	此子句用于将列表展开为行序列
UNION	此子句用于组合多个查询的结果
CALL	此子句用于调用部署在数据库中的过程

6.4.5　常用函数

Cypher 语言中的常用函数如表 6-5 所示。

表 6-5　Cypher 语言中的常用函数

函　数　名	说　　明
String	用于处理字符串文本
Aggregation	用于对查询结果执行一些聚合操作
Relationship	用于获取关系的详细信息，如开始节点、结束节点等

6.4.6　常用操作符

Cypher 语言中的常用操作符如表 6-6 所示。

表 6-6　Cypher 语言中的常用操作符

类　　型	操　作　符
数学运算	+、-、*、/、%、^
比较	+、<>、<、>、<=、>=
逻辑	AND、OR、XOR、NOT
字符串	+
列表	+、IN、[X]、[X…Y]
正则表达式	=-
字符串匹配	STARTS WITH、ENDS WITH、CONSTRAINTS

6.5　Neo4j 的安装和配置方法

安装 Neo4j 最简单的方法是通过 Docker 平台拉取镜像并运行容器，因为这样可以避免安装 Neo4j 的多个依赖程序，也免去了比较复杂的环境配置工作。因此，本节介绍基于 Docker 平台的 Neo4j 的安装和配置方法。

6.5.1　拉取 Neo4j 的官方 Docker 镜像

无论你使用的是 Windows 操作系统还是 Linux 操作系统，如果已经按照 3.1.2 节中的方法安装了 Docker 平台，则可以开启一个命令行，输入下面的命令，就可以把 Neo4j 的官方镜像拉取到本地：

```
docker pull neo4j
```

在拉取镜像的过程中，需要下载大概 400MB 的文件。拉取成功后，应该可以在命令行中看到如图 6-3 所示的提示。

通过如图 6-4 所示的查询指令可以发现 Neo4j 镜像已经在本地的镜像仓库中了。

```
docker images
```

6.5.2　安装镜像并运行容器

在命令行中运行下面的语句可以在容器内安装 Neo4j 镜像并启动运行：

```
● root@hecs-93d1:~# docker pull neo4j
Using default tag: latest
latest: Pulling from library/neo4j
e9995326b091: Pull complete
1e2d9967bfe9: Pull complete
ca65b8a2c667: Pull complete
d79ac708f0d7: Pull complete
8cbba578ea91: Pull complete
Digest: sha256:589f6b099edcab2848f30899317af61547c2bc36777a66ecf4513ab8a258b4df
Status: Downloaded newer image for neo4j:latest
docker.io/library/neo4j:latest
```

图 6-3　在 Docker 中成功拉取 Neo4j 镜像

```
root@hecs-93d1:~# docker images
REPOSITORY            TAG        IMAGE ID        CREATED         SIZE
neo4j                 latest     4e8fabaef285    41 hours ago    537MB
enmotech/opengauss    latest     630bef775ee0    2 months ago    480MB
```

图 6-4　在 Docker 中查看 Neo4j 镜像

```
docker run -- name neo4j - d -- publish = 7474:7474 -- publish = 7687:7687 \
         -- volume = $ HOME/neo4j/data:/data neo4j
```

　　这条语句与我们在 3.1.4 节中启动 openGauss 容器的格式是相似的,但也有不同。这里也是用--name 参数来指定容器的名字,并用位于语句末尾的 neo4j 指定镜像的名字。这里也用了-d 参数来让容器在背景中持续运行,不至于在命令行窗口被关闭后就被迫停止。此外,连续用了两个--publish 参数定义了两个端口,分别是 7474 和 7687。这两个端口一个是为了基于 Web 的图形化管理工具来访问 Neo4j 数据库(将在 6.6 节中叙述),另一个是为了 Python 语言通过 Bolt 协议来访问 Neo4j 数据库(将在 6.7 节中叙述),都是必不可少的。

　　我们可以用 docker ps 命令来查看当前运行着的容器,在笔者的机器上此刻运行着两个容器,分别是 Neo4j 容器和 openGauss 容器,所以会看到如图 6-5 所示的结果。

```
root@hecs-93d1:~# docker ps
CONTAINER ID    IMAGE               COMMAND                CREATED
  STATUS          PORTS
                                    NAMES
e819c074ca6d    neo4j               "tini -g -- /startup…"   5 seconds ago
  Up 5 seconds    0.0.0.0:7474->7474/tcp, :::7474->7474/tcp, 7473/tcp, 0.0.0.0:76
87->7687/tcp, :::7687->7687/tcp    neo4j
788b9e2d2417    enmotech/opengauss:latest    "entrypoint.sh gauss…"   10 days ago
  Up 10 days      0.0.0.0:15432->5432/tcp, :::15432->5432/tcp
                                    opengauss
```

图 6-5　Neo4j 容器成功运行

6.5.3　在华为云主机上配置 Neo4j 的通信端口规则

　　如果你是在自己的计算机上运行 Docker 平台,也准备在自己的这台计算机上测试和学习 Neo4j,那就无须进行本小节的配置。但如果你是在远程主机上安装的 Docker 平台,并准备在自己本地的计算机访问远程主机的 Docker 平台上的 Neo4j,那就必须确保远程主机对外开放了前面提到的两个端口 7474 和 7687。比如笔者是在华为的云主机上安装的 Docker 平台,并进行了上述镜像和容器操作。为了能够在远程访问这个 Neo4j 数据库,需要登录华为云的控制台,设置对这两个端口的通信权限,否则无法远程访问 Neo4j 数据库。

首先,在华为云"总览"界面单击其中的"弹性云服务器 ECS",如图 6-6 所示。

图 6-6 华为云"总览"界面

在随后的界面中找到云主机,如图 6-7 所示。

图 6-7 华为云主机运行实例状态

单击图 6-7 中"名称/ID"下面的主机链接,来到主机的"概览"界面,如图 6-8 所示。
单击图 6-8 中的"安全组",来到"安全组"界面,如图 6-9 所示。

图 6-8 华为云主机运行实例"概览"界面　　　　图 6-9 华为云主机"安全组"界面

再单击图 6-9 中的"配置规则"链接,来到安全组"基本信息"界面,如图 6-10 所示。
然后单击图 6-10 中的"入方向规则",配置输入连接请求方面的规则,如图 6-11 所示。

图 6-10 华为云主机安全组"基本信息"界面

图 6-11 华为云主机"入方向规则"界面

单击图 6-11 中的"添加规则"按钮，尝试把 7474 端口和 7687 端口添加为可访问，如图 6-12 所示。

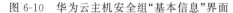

图 6-12 华为云主机入方向安全信息设置界面

如图 6-12 所示进行设置，默认只有一条规则可以添加，单击其中的"增加 1 条规则"可以扩展一行新的规则。在这两行规则中，我们分别在协议端口中填 7474 和 7687，并在优先级中填 1，在描述中填 neo4j。其他保持不变。然后单击"确定"按钮，就可以在入方向放开这两个端口的通信。

接着单击"出方向规则"，仿照前面的步骤给出方向也放开这两个端口的通信。

完成这些操作后，就可以打开浏览器，输入华为云主机的公网 IP 并加上 7474 端口，如果能看到 Neo4j 的管理环境页面，就说明上述配置成功了，如图 6-13 所示。

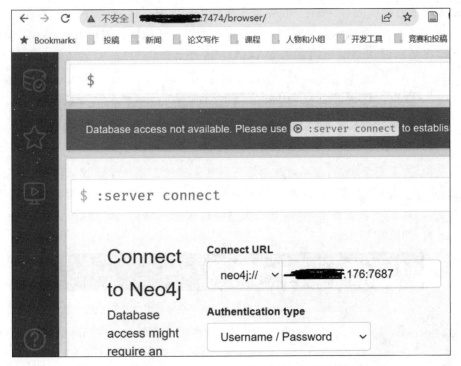

图 6-13　在浏览器中测试华为云主机的安全策略是否设置成功

6.6　Neo4j 的基本操作

6.6.1　进入 Neo4j 的命令行环境

小节讲解 Neo4j 数据库的基本操作,涉及 6.4 节中提到的一些具体 Cypher 指令的使用方法。建议边看书,边在自己配置好的 Neo4j 数据库中演练。如果你已经按照 6.5 节中的方式在 Docker 平台上运行了 Neo4j 容器,则可以按照下面的方法进入 Neo4j 的命令行环境,做好执行 Cypher 指令的准备工作。

首先进入 Neo4j 容器内部,这与 3.2.1 节的做法类似,就是在 Docker 平台所在的主机上运行下面的命令:

```
docker exec - it neo4j bash
```

这行命令的作用是进入命名为 Neo4j 的容器,并启动其容器内部 Linux 环境的命令行环境。这行命令执行完毕后,我们会看到容器内部的命令行环境提示符,如图 6-14 所示。

`root@e819c074ca6d:/var/lib/neo4j#`

图 6-14　Neo4j 容器的运行命令行

其中 root 是我们在 Docker 所在平台主机的用户名,@后面的字符串是 Neo4j 容器的 ID,:(冒号)到♯(井号)之间的路径字符串代表容器内的当前路径。我们可以在♯后面输入指令,输入的指令将被容器内部的 Linux 环境运行。

要进入 Neo4j 的命令行环境,我们需要在♯后面输入:

```
bin/cypher - shell - u neo4j - p neo4j
```

这条语句的前半段 bin/cypher-shell 是指运行 bin 目录下的 cypher-shell 程序,后面的-u
参数指示登录名,-p 参数指示登录密码。全新安装的 Neo4j 的默认用户名是 Neo4j,密码也是
Neo4j,因此在-u 后面和-p 后面写的都是 neo4j。运行这条语句后,可能会看到如图 6-15 的
提示。

```
root@e819c074ca6d:/var/lib/neo4j# bin/cypher-shell -u neo4j -p neo4j
Password change required
new password:
```

图 6-15　在命令行中进入 Cypher 环境的登录界面

意思是说,为了安全起见,需要修改初始密码才能继续。遵从该建议,可以输入一个新的
密码,比如 neo4_j,即在 4 和 j 之间加一个下画线,这样既容易记,又容易写,便于我们在学习
时方便地连入 Neo4j。输入新密码后,它会提示你再次输入确认。通过后,会看到 Cypher 的
命令行提示符,如图 6-16 所示。

```
Type :help for a list of available commands or :exit to exit the shell.
Note that Cypher queries must end with a semicolon.
neo4j@neo4j>
```

图 6-16　Neo4j 容器中的 Cypher 环境命令行界面

neo4j@neo4j>就是 Cypher 的命令行提示符,我们可以在这个提示符后面输入 Cypher
指令。

6.6.2　数据库操作

正如我们在 6.3.2 节中提到的那样,免费版的 Neo4j 不支持创建多个用户数据库,只能用
其默认数据库,也就是使用名为 Neo4j 的数据库来管理用户数据。如果要使用多个用户数据
库,就得购买其商用版本。本书是基于免费版的 Neo4j 的。因此,我们就不详细讲解数据库的
创建、修改和删除等常规操作了。感兴趣的读者可以参考其官方帮助(网址详见前言二维码)。

6.6.3　创建节点和属性

节点就是图形数据库中的数据/记录。你可以使用 create 子句在 Neo4j 中创建节点。本
小节将教你如何创建单个节点,如何创建多个节点,如何创建带标签的节点,如何创建具有属
性的节点,如何返回创建的节点。

1. 创建单个节点

其 Cypher 语法如下:

```
CREATE (node_name);
```

其中 node_name 是节点占位符,注意要带分号。用这种方法创建的节点既没有标签又没有属
性,所以就是个空节点。作为节点占位符的 node_name 并不保存实际信息,在调用 create 时,
并不需要特别关注 node_name 的内容,它可以与前面调用 create 时输入的占位符相同,甚至
省略不写都可以。但如果你写了占位符,一定要注意占位符中不能有空格。
让我们尝试在 cypher 的命令行环境中分别输入并运行下面的 3 条指令:

```
create(n1);
create(n1);
create();
```

然后用下面的查询指令获取当前数据库中的节点信息（关于这条查询指令的写法会在后面讲解）：

```
match(n) return n;
```

查询结果如图 6-17 所示。

从这个查询结果可见，数据库中目前有 3 个节点，都是空的，每个节点都用一个空的括号代表。这说明前面的 3 条创建节点的指令都成功运行了，也说明占位符 node_name 的内容对于创建节点而言并无关系。

2. 创建多个节点

对应的语法如下：

图 6-17　Cypher 查询结果 1

```
CREATE (node1),(node2);
```

node1 和 node2 还是占位符，虽然这里只写了 2 个占位符，其实可以写更多的。占位符可以省略，但括号不能省略，括号之间的英文逗号不能省略，最后的分号也不能省略。

让我们来尝试一次性创建 3 个节点：

```
create (n3),(n4),(n5);
```

图 6-18　Cypher 查询结果 2

运行这条语句后，再执行查询，会看到此时数据库中有 6 个空节点了，如图 6-18 所示。

这是因为刚才已经分别创建了 3 个空节点，加上这次一次性创建的 3 个节点，总共创建了 6 个节点。不过看到这 6 个括号，你可能会产生疑问：既然这些节点都是空的，我们如何区分和访问某个特定的节点呢？

这是个非常好的问题。在 Neo4j 中，每个节点都有一个 ID 编号，这是系统自动设置的，这个编号是不能重复的，所以系统是能够区分所有节点的。使用函数 id(node) 可以获取 node 节点的 ID 编号。但这个 ID 编号对于用户而言是不直观的，所以要区分和查询节点，一般还是通过其标签和属性来实现。下面让我们创建带标签和属性的节点。

3. 创建带标签的节点

其语法如下：

```
CREATE (node:label);
```

其中冒号前面的 node 指节点占位符，冒号后面的 label 就是该节点的标签。标签一般标记节点所代表信息的类型，比如表示人的节点，我们可以用 person 来作为标签；表示轿车的节点，可以用 car 来作为标签。

下面创建一个带标签的节点：

```
create(n:person);
```

运行该指令后,可查询到数据库中出现了新的节点,如图 6-19 所示。

一个节点可以有多个标签,如果要创建这样的节点,可以使用下面的语法:

```
CREATE (node:label1:label2,…:labeln);
```

可以在节点占位符后面连接多个冒号和标签的组合,比如创建一个带 3 个标签的节点:

```
create(xiaowang:person:father:teacher);
```

运行完这条指令后,可以查询到数据库中出现了新的节点,而且该节点具有 3 个标签,如图 6-20 所示。

图 6-19　Cypher 查询结果 3

图 6-20　Cypher 查询结果 4

4. 创建带属性的节点

如果说标签表示节点的类型,那么属性就刻画了节点的特征信息。创建带属性节点的语法如下:

```
CREATE (node:label { key1: value, key2: value,…});
```

其中与创建带标签节点的语法不同的是多了一个花括号,以及花括号里面用英文逗号分隔的键-值对。这些键-值对就是节点的属性。其中键反映了属性的名称,值反映了属性的值。

下面创建一个带有多个属性的节点:

```
create(n1:person:mother{name: 'xiaohong',birthday: '1993－11'});
```

运行完这条指令后,可以查询到数据库中出现了新的节点,而且该节点具有 2 个标签和 2 个属性,如图 6-21 所示。

```
| (:person)                                                      |
| (:person:father:teacher)                                       |
| (:person:mother {birthday: "1993-11", name: "xiaohong"})       |
```

图 6-21　Cypher 查询结果 5

从查询结果可见,系统显示的 birthday 属性值是用双引号引起来的,而前面在 create 命令中使用的是单引号,说明对于 Cypher 而言,表示字符串既可以用单引号又可以用双引号,但必须是英文符号。

5. 返回创建的节点

前面都是使用 Match 语句来查询节点,其优点是可以查询所有的节点,也可以查询符合

条件的节点,非常灵活。但如果我们只是想在创建节点后马上看到新增节点的基本信息,则可以用这里描述的语法:

```
CREATE (Node:Label{properties···}) RETURN Node;
```

与前面的 create 语句不同的是,它多了一个 RETURN 子语句,可以把占位符表示的节点返回到命令行显示。在这种场景下,占位符终于起作用了。让我们来试一试:

```
create(n2:person:father{name: 'zhang san',birthday: '1995−3'}) return n2;
```

这条语句一运行,马上就看到了节点详情,如图 6-22 所示。

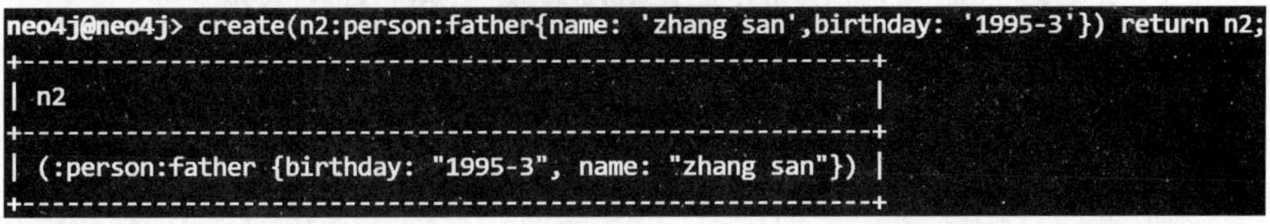

```
neo4j@neo4j> create(n2:person:father{name: 'zhang san',birthday: '1995-3'}) return n2;
+--------------------------------------------------------------------+
| n2                                                                 |
+--------------------------------------------------------------------+
| (:person:father {birthday: "1995-3", name: "zhang san"})           |
+--------------------------------------------------------------------+
```

图 6-22　Cypher 查询结果 6

6.6.4　创建关系

在 Noe4j 中,关系是用来连接图的两个节点的元素。关系具有方向,也可以具有类型和属性。一个关系依赖两个节点,而且必须是有向的。关系也是通过 CREAT 语句创建的,但其语法与创建节点时不同:

```
CREATE (node1) − [:RelationshipType{key1:value1,key2:value2}] −>(node2)
```

其语法结构是:节点-关系-节点。左侧和右侧的节点一般是已经存在的节点,否则系统会自动创建节点。node1 代表左侧节点的变量名,node2 代表右侧节点的变量名。node1 和 node2 一般都是通过查询语句获得的,也可以在这个 CREATE 语句中创建。左侧节点和关系之间有一个英文的横杠符号,关系和右侧节点之间有一个由横杠和大于号组成的箭头,通过这种方式来指明关系的方向和连接的对象。而关系本身的标签(也叫关系的类型)和属性都在方括号中,其写法与节点类似。

让我们尝试在前面创建的两个节点(分别是 name 属性为 xiaohong 和 zhang san 的两个 person 标签的节点)之间建立一个 wife-of 类型的关系,写法如下:

```
match (n1),(n2) where n1.name = 'xiaohong' and n2.name = 'zhang san'
create (n1) − [r:wife_of{marry_time:'2020−3−1'}] −>(n2)
return n1,r,n2;
```

这条语句运行后,在前面创建的两个节点之间多了一个 wife_of 类型的关系。

6.6.5　查询

查询主要通过 match 命令来实现。

如果我们想查询数据库中的所有节点,可以用这条命令来实现:

```
match (n) return n;
```

这是 match 命令的典型用法:以 match 开头,说明要开启查询,后面跟着一个代表任意节点的"(n)"，没有对这个节点的标签或属性做任何限制，所以结合 return 命令返回的是所有节点。

如果我们想返回特定标签的节点，比如所有 person 标签的节点。可以这样写：

```
match(n:person) return n;
```

这条指令的运行结果如图 6-23 所示，因为在前面刚创建了 2 个这样的节点。

```
neo4j@neo4j> match(n:person) return n;
+-----------------------------------------------------------+
| n                                                         |
+-----------------------------------------------------------+
| (:person:mother {birthday: "1993-11", name: "xiaohong"}) |
| (:person:father {birthday: "1995-3", name: "zhang san"}) |
+-----------------------------------------------------------+
```

图 6-23　Cypher 查询结果 7

还可以按标签和属性查找，如查找名叫 xiaohong 的标签为 person 的节点：

```
match(n:person{name: 'xiaohong'}) return n;
```

这条语句还可以改写为带 WHERE 子句的写法：

```
match(n:person) where n.name = 'xiaohong' return n;
```

这两种写法起到的作用是相同的，但带 where 子句的写法一般可以接入更多的约束条件，可以实现更加灵活的查询。注意在 where 子句中，访问节点的属性时，应该用"."而不是"："。

除按标签和属性查询节点外，还可以按关系查询节点。比如我们想查询跟 name 属性为 xiaohong 的节点有关系的其他节点，可以这样写：

```
match (n{name:'xiaohong'})-[]->(n2) return n2;
```

在这条语句中，match 后面跟着"节点-关系-节点"这样的结构。其中左侧节点被限定为 name 为 xiaohong 的节点；关系是用空的方括号表示的，意为任何类型的关系；右侧节点没有施加任何标签和属性约束，只有一个变量名 n2，而 return 返回的是变量 n2，意为右侧节点。这条语句可以找到从左侧节点发出的指向右侧节点的所有关系。对于现在的数据库而言，只有一个这样的关系，所以返回的结果如图 6-24 所示。

```
neo4j@neo4j> match (n{name:'xiaohong'})-[]->(n2) return n2;
+-----------------------------------------------------------+
| n2                                                        |
+-----------------------------------------------------------+
| (:person:father {birthday: "1995-3", name: "zhang san"}) |
+-----------------------------------------------------------+
```

图 6-24　Cypher 查询结果 8

如果改变这条语句中边的方向，这样写：

```
match (n{name:'xiaohong'})<-[]-(n2) return n2;
```

则会返回空集。因为在 Neo4j 中，关系是有方向的，在这两个节点之间只定义了从 xiaohong 到 zhang san 这个方向的关系，而没有定义其他关系。

match 语句并非只用于查询，也可以配合后面的编辑指令来实现对特定节点和关系的搜索和修改。

6.6.6　编辑节点和关系

对于现存的节点和关系,有两类常见的编辑功能,分别是修改和删除。对于修改,常使用 set 命令,对于删除,常使用 delete 和 remove 命令。

1. set 命令

首先来看 set 命令的用法。set 命令一般不单独使用,而是跟随 match 命令使用的。比如我们想给数据库中现有的标签为 person 且 name 属性为 xiaohong 的节点增加一个新的字段 gender,表示其性别,则可以用这条语句实现:

```
match (n:person{name: 'xiaohong'})
set n.gender = 'female'
return n;
```

这条语句的执行结果如图 6-25 所示。

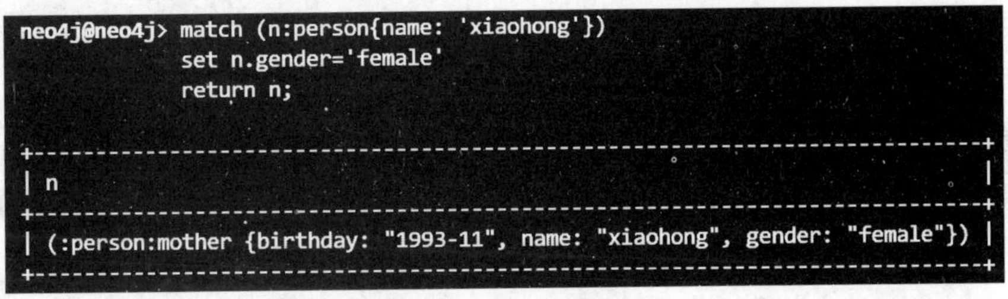

```
neo4j@neo4j> match (n:person{name: 'xiaohong'})
              set n.gender='female'
              return n;

+--------------------------------------------------------------------+
| n                                                                  |
+--------------------------------------------------------------------+
| (:person:mother {birthday: "1993-11", name: "xiaohong", gender: "female"}) |
+--------------------------------------------------------------------+
```

图 6-25　Cypher 查询结果 9

可见该节点已经成功新增了一个值为 female 的 gender 属性。注意在 set 子语句中,访问节点的属性时,应该用“.”而不是“:”。

通过这种写法,我们可以修改现有节点的现存属性,也可以新增属性。除编辑属性外,还可以编辑标签。比如可以用下面的命令为 xiaohong 对应的节点新增一个标签 teacher,同时把它的 birthday 属性修改为 1996-5-1,并为它新增一个 phone 属性,值为 1988665556。

```
match (n:person{name: 'xiaohong'})
set n:teacher, n.birthday = '1996 - 5 - 1', n.phone = '1988665556'
return n;
```

这条语句的运行结果如图 6-26 所示。

```
---------------------------------------+
| (:person:teacher:mother {birthday: "1996-5-1", name: "xiaohong", gender: "femal
e", phone: "1988665556"}) |
---------------------------------------+
```

图 6-26　Cypher 查询结果 10

可见已经成功为这个节点新增了一个标签,并修改了两个属性。set 子句可以修改多个属性,只需用英文逗号分隔排列即可。

2. delete 和 remove 命令

delete 和 remove 命令都可以实现删除功能,但前者是删除节点和关系,后者是删除标签和属性。

如果我们想删除 xiaohong 节点中的 phone 属性，则应该用 remove 命令。其语法与 set 命令类似，也是先用 match 来查询节点，然后把 remove 作为子句跟在后面，指定要删除的属性，然后返回被修改的节点：

```
match (n:person{name: 'xiaohong'})
remove n.phone
return n;
```

这条语句的运行结果如图 6-27 所示。

```
| (:person:teacher:mother {birthday: "1996-5-1", name: "xiaohong", gender: "femal
e"}) |
```

图 6-27　Cypher 查询结果 11

可见这个节点已经没有 phone 属性了，说明属性删除成功了。

同样，我们也可以用 remove 命令来删除标签：

```
match (n:person{name: 'xiaohong'})
remove n:teacher
return n;
```

这条语句的运行结果如图 6-28 所示。

```
+------------------------------------------------------------------------+
| (:person:mother {birthday: "1996-5-1", name: "xiaohong", gender: "female"}) |
+------------------------------------------------------------------------+
```

图 6-28　Cypher 查询结果 12

可见 teacher 这个标签已经成功从这个节点删除了。

如果要删除某个节点，则需要使用 delete 命令。比如要删除所有节点，可以这样写：

```
Match (n) detach delete n
```

match 后面没有对节点 n 进行任何限定，所以是无差别地删除所有节点。删除节点除使用 delete 外，还要在其前面加上 detach 语句，意思是先从图中分离，再删除。

如果要删除前面创建的 name 为 zhang san 的节点，可以这样写：

```
match (n:person{name: 'zhang san'}) detach delete n;
```

这条语句除删除该节点外，还删除了所有依附在该节点上的关系。比如查询与 xiaohong 节点相联系的节点，应该会返回空集：

```
match (n:person{name: 'xiaohong'}) - [ ] - >(n2) return n2;
```

其运行结果确实是空集，如图 6-29 所示。

```
neo4j@neo4j> match (n:person{name: 'xiaohong'})-[]->(n2) return n2;
+----+
| n2 |
+----+
+----+
```

图 6-29　Cypher 查询结果 13

所以对节点的删除要慎重。

以上示例都是针对节点的,但相关语法同样适用于边。重新创建刚刚删除的节点,并把它和 xiaohong 节点的关系重建起来,其结果如图 6-30 所示。

```
create (n:person{name:'zhang san',birthday:'1993-5-1'});
match (n1),(n2)
where n1.name = 'xiaohong' and n2.name = 'zhang san'
create (n1)-[r:wife_of]->(n2)
return n1,r,n2;
```

```
+-----------------------------------------------------------------+
| n1                        | r          | n2                      |
+-----------------------------------------------------------------+
| (:person {name: "xiaohong"}) | [:wife_of] | (:person {name: "zhang san"}) |
+-----------------------------------------------------------------+
```

图 6-30 Cypher 查询结果 14

然后尝试给这个关系新增一个属性 marry_date,可以仿照前面针对节点的 set 代码来写,只是要在 match 语句中增加对关系的查询,并给关系一个变量名即可,代码如下:

```
match (n1:person{name: 'xiaohong'})-[r:wife_of]->(n2)
set r.marry_time = '2018-5-1'
return r;
```

该语句的运行结果如图 6-31 所示。

```
+------------------------------------+
| r                                  |
+------------------------------------+
| [:wife_of {marry_time: "2018-5-1"}] |
+------------------------------------+
```

图 6-31 Cypher 查询结果 15

显示这个关系中已经成功新增了一个属性。

6.7 Neo4j 基于图形化管理工具的查询方法

我们在 6.6 节学习 Neo4j 的基本操作时,用的是 Cypher 的命令行工具,虽然可以方便地执行 Cypher 命令,但返回的结果是基于字符的,不能直观反映节点与节点之间的拓扑关系。好在 Neo4j 官方提供了基于 Web 的图形化查询工具,可以让我们方便地编写和运行 Cypher命令,并直观地查看图结构。

如果你已经按照 6.5 节中的叙述安装了 Neo4j 的容器,特别是如果你是在云主机上安装的Neo4j,一定要按照 6.5.3 节中的叙述配置通信端口的安全规则,否则无法访问这个图形化工具。

6.7.1 启动和登录图形化管理工具

如果你的 Neo4j 数据库安装在本地机器,则打开浏览器并输入 127.0.0.1:7474 就可以访问这个图形化管理工具。

如果你的 Neo4j 数据库安装在云端主机,比如像 6.5.3 节那样安装在华为云主机上,则需要打开浏览器,在地址栏输入华为云主机的公网 IP 地址并跟上 7474 端口号。假设你的云主机的公网 IP 是 126.77.23.166,则应该在浏览器地址栏输入 126.77.23.166:7474,并按回车键,就可以连接显示这个图形化管理工具了。

这个图形化管理工具的登录界面如图 6-32 所示。

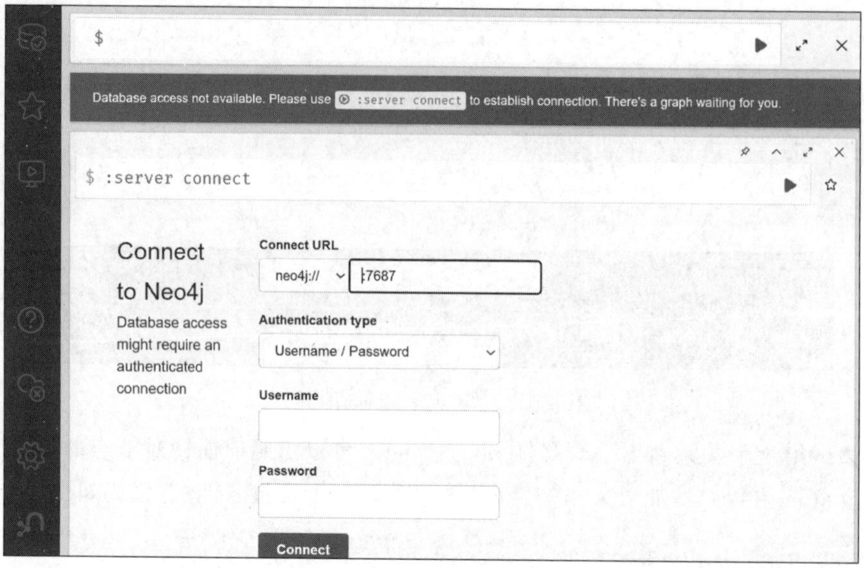

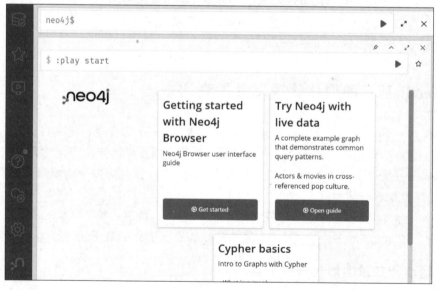

图 6-32　Neo4j 基于 Web 的登录界面

初次打开首页时，需要进行登录。在 Username 和 Password 这两个文本框中输入登录默认数据库 Neo4j 的用户名和密码。新安装的 Neo4j 数据库的初始用户名和密码都是 Neo4j。如果你按照 6.6.1 节的叙述修改了密码，则应该使用新的密码 neo4_j 登录。

一旦输入正确的用户名和密码并单击 Connect 按钮，即可登录默认数据库 Neo4j，进而通过 Cypher 指令来操作这个图数据库。其界面如图 6-33 所示。

图 6-33　图形化的 Cypher 命令运行环境

在页面最上方的文本框中有个"neo4j $"提示符，我们可以在这个提示符所在的文本框中输入 Cypher 指令来进行数据库操作。

6.7.2　在图形化环境中执行查询

尝试在 Neo4j 界面上方的"neo4j $"提示符文本框中输入查询指令并按回车键，查看数据库中现有的所有标签为 person 的节点：

```
match (n:person) return n;
```

其运行结果如图 6-34 所示。

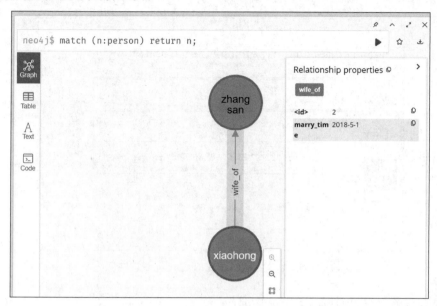

图 6-34　图形化的 Cypher 运行结果

可见在图形化环境中，查询结果是直观的、图形化的。它通过圆形体现了符合查询条件的节点，也通过直线表示了节点之间的联系，如果单击某个节点或边，还可以在右侧信息栏中显示该对象的属性。比如如果单击两个节点的连线，则会显示图 6-34 中边的信息，其中包含边的 id、标签 wife_of 和 marry_time 属性的值。

除这种直观的图形化结果显示方法外，也可以用表格的方式来显示节点和边。只需单击图 6-34 左侧的 Table 图标 即可完成结果显示方式的切换，其显示方式如图 6-35 所示。

```
neo4j$ match (n:person) return n;
```

```
n
1
  {
    "identity": 5,
    "labels": [
      "mother",
      "person"
    ],
    "properties": {
"birthday": "1993-11",
"name": "xiaohong"
    }
  }
2
  {
```

图 6-35　以表格方式呈现的 Cypher 查询结果

可见在 Table 模式下，每个返回的元素都占据一个格子，而元素的标签和属性则用类似于 JSON 的语法来表示。

另外，还可以用 Text 模式来显示查询结果，这种模式就类似于 6.6 节在 Cypher 命令行中看到的结果呈现方式。要切换到这种模式，只需单击 Text 模式图标 ，如图 6-36 所示。

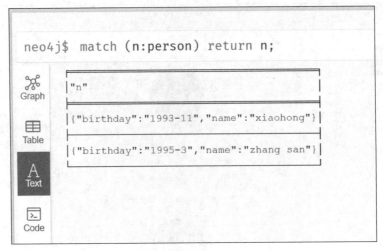

图 6-36　以文本方式呈现的 Cypher 查询结果

6.7.3　在图形化环境中查看教程并演练

Neo4j 在图形化管理工具中还内置了互动式的教学资源，以供初学者在示例中学习。启动的方式就是单击首页左边栏中的 Guides 图标 。单击该图标后，学习资源列表就会展开在你面前，如图 6-37 所示。

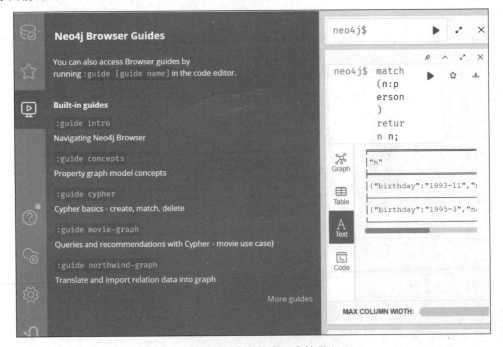

图 6-37　Neo4j 官方的交互式教程入口

从图 6-37 中可见里面内置了多个教程，每个教程都是可互动的，在图形化管理工具界面中会启动提示,引导你一步一步操作来完成教程。

按照教程提示信息,可以很方便地启动某个教程。比如我们想学第一个教程 Navigating Neo4j Browser,只需在界面上方的"neo4j $"提示符文本框中输入指令:guide intro 即可。一旦你输入指令并按回车键执行,将看到教程提示窗体,提示你每一步要怎么做,如图 6-38 所示。

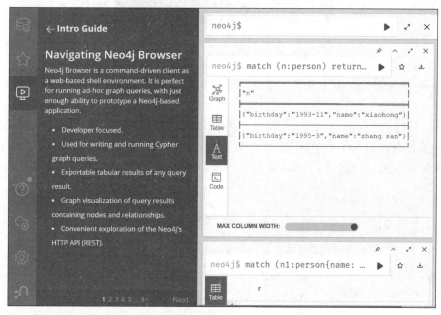

图 6-38 官方教程的首页

你只需要按照教程提示一步一步完成即可。每完成一步,单击提示窗口右下角的 Next 链接,就会看到关于下一步的提示。通过这些教程,相信你可以在轻松的环境中更好地掌握 Neo4j。

6.8 Neo4j 基于 Python 的数据库连接和查询

6.8.1 安装驱动库

Neo4j 官方提供了让 Python 连接 Neo4j 数据库的驱动库,可以在你准备开发 Python 程序的计算机上,用 Python 的 pip 指令来安装,具体命令如下:

```
python - m pip install neo4j
```

如果你的操作系统是 Windows,注意要以管理员身份来运行命令行窗口,避免由于缺乏权限导致的安装失败。相关细节可以参考 3.4.1 节。

安装完毕后,可以进入 Python 环境,尝试导入 Neo4j 库,看是否成功,如图 6-39 所示。

可见,我们连续进行了两行与 Neo4j 有关的导入,都没有发生错误,说明 Neo4j 对 Python 的驱动库应该安装好了。

6.8.2 连接数据库

在连接数据库之前,首先要明确 Neo4j 所在主机的 IP 地址。如果你是在本机安装的

```
C:\WINDOWS\system32>ipython
Python 3.9.13 (tags/v3.9.13:6de2ca5, May 1
Type 'copyright', 'credits' or 'license' f
IPython 7.28.0 — An enhanced Interactive

In [1]: import neo4j

In [2]: from neo4j import GraphDatabase

In [3]:
```

图 6-39　成功导入 Neo4j 的 Python 驱动库

Neo4j，这个 IP 地址就是 127.0.0.1，用 localhost 代替也行；如果你是在云主机上安装的 Neo4j，就要先落实其公网 IP。无论主机 IP 地址是什么，用 Python 访问 Neo4j 的通信端口是固定的，就是我们在 6.5.2 节中启动 Neo4j 容器时指定的端口 7687。下面假设 Neo4j 是安装在本机上的，所以会用 127.0.0.1:7687 这个 IP 地址和端口的组合信息。

在 Python 中访问 Neo4j 数据库，需要导入 Neo4j 这个驱动包中的 GraphDatabase 对象，并通过 GraphDatabase 对象的 driver 函数来生成一个驱动对象，代码如下：

```
from neo4j import GraphDatabase

uri = "neo4j://127.0.0.1:7687"
driver = GraphDatabase.driver(uri, auth = ("neo4j", "neo4_j"))
```

在上述代码中，假设 Neo4j 是安装在本机上的，而且其登录密码已经被修改为 neo4_j。

运行上述代码后，并不会实现与 Neo4j 数据库的连接。连接数据库的动作要在实际执行 Cypher 指令时才会发生。所以，在上述代码中，哪怕你输入的 IP 地址和端口不正确，也不会触发任何错误。直到执行 Cypher 指令时，你才能知道是否可以连接数据库。

6.8.3　执行 Cypher 指令

在 6.8.2 节中，我们通过 GraphDatabase 对象的 driver 函数获得了一个驱动对象，并把它存入变量 driver 中。要执行 Cypher 指令，首先要通过驱动对象创建一个会话 session 对象。然后通过调用 session 对象的 execute_read 函数或 execute_write 函数来执行 Cypher 指令。如果是需要返回结果的查询类型的指令，就调用 session 对象的 execute_read 函数；如果是创建或修改信息类型的指令，就调用 session 对象的 execute_write 函数。其形式如下：

```
with driver.session() as session:
    result = session.execute_read()
```

但麻烦的是，session.execute_read 函数和 session.execute_write 函数都不能直接接收 Cypher 语句来执行，而是必须调用另一个中间函数来执行 Cypher 指令。这个中间函数的函数名是任意的，参数数量也是任意的，只是它最少有一个参数，一般命名为 tx，而且这个参数的值不需要我们输入。Neo4j 的 Python 驱动会在这个中间函数被调用时自动给它的第一个参数 tx 赋值一个特殊的对象，这个对象有个函数 run，它可以接收并运行 Cypher 指令。

让我们用一个具体的例子来说明上述步骤：

```
from neo4j import GraphDatabase

uri = "neo4j://127.0.0.1:7687"
driver = GraphDatabase.driver(uri, auth = ("neo4j", "neo4_j"))
```

```
def get_all_nodes(tx):
    cypher_str = """
    match (n) return n;
    """

    nodes = []
    result = tx.run(cypher_str)
    for node in result:
        nodes.append(node)
    return nodes

with driver.session() as session:
    nodes = session.execute_read(get_all_nodes)
    for node in nodes:
        print(node)
```

该程序起到的作用就是通过 Python 执行了一段简单的查询 Cypher 指令，用于显示 Neo4j 数据库中所有的节点。这个数据库是安装在本机上的，所以其 IP 地址是 127.0.0.1。因为这是查询类型的指令，所以我们调用 session. execute_read 函数而非 session. execute_write 函数。该函数并不直接执行 cypher 指令，而是通过它的参数所代表的函数 get_all_nodes 来执行查询。这里把函数 get_all_nodes 作为参数传给另一个函数 session. execute_read，正是利用了 Python 是函数式语言的特性，即函数可以被保存在变量中。在函数 get_all_nodes 中，通过调用 tx 对象的 run 函数来执行 Cypher 指令，并把执行结果放入 result 变量中。

仔细观察这段代码，似乎存在明显的冗余。比如在函数 get_all_nodes 中，已经通过调用 tx 对象的 run 函数执行了 Cypher 指令，而且把执行结果放入 result 变量中了。为什么不把 result 作为函数 get_all_nodes 的返回值呢？为什么要把 result 变量中的值复制到另一个列表 nodes 中，并返回 nodes 作为函数的返回值呢？这是因为 tx 对象的 run 函数返回的是一种特殊的数据结构，虽然放在了 result 变量中，但其内容会随着函数的返回，也就是 tx 对象的消失而变得不可访问。所以我们另外创建了一个列表对象 nodes，把 result 中的内容先复制到 nodes 中，nodes 的内容被返回给调用方，不会随着函数 get_all_nodes 的结束运行而消失。

这段代码的运行结果如图 6-40 所示。

```
<Record n=<Node element_id='4:c8daa6a3-0486-4358-b6c7-3462d3786c0a:5' labels=frozenset({'person', 'mother'}) properties={'birthday': '1993-11', 'name': 'xiaohong'}>>
<Record n=<Node element_id='4:c8daa6a3-0486-4358-b6c7-3462d3786c0a:6' labels=frozenset({'person', 'father'}) properties={'birthday': '1995-3', 'name': 'zhang san'}>>
```

图 6-40 基于 Python 的 Neo4j 查询结果 1

在图 6-40 的结果中显示了两个节点，其 name 属性分别是 xiaohong 和 zhang san，这两个节点正是我们在前面创建的。

在这个例子中，Cypher 语句的内容是写死的，不能在运行时根据用户的输入来调整语句的查询内容。Neo4j 的 Python 驱动支持在 Cypher 语句中插入参数，参数值在运行时可以动态编辑。其语法很简单，就是在 Cypher 代码字符串中用 $ 开头的符号来代表待定参数，并在 tx. run 函数的参数中设定参数值。比如我们要查询 name 属性是特定值的节点，可以这样修改函数 get_all_nodes：

```
def get_all_nodes(tx, name):
    cypher_str = """
    match (n)
```

```
        where n. name = $ name_para
        return n;
        """


        nodes = []
        result = tx. run(cypher_str, name_para = name)
        for node in result:
            nodes. append(node)
        return nodes
```

除修改了 Cypher 命令的字符串,增加了 where 子句,并引入 $ 开头的参数 name_para 外,还给 tx. run 函数的参数中增加了一个命名参数,参数名对应 Cypher 命令中 $ 后面的字符串。该参数的值被设置为函数 get_all_nodes 的第二个参数所代表的变量值。我们可以这样调用 get_all_nodes 函数:

```
with driver. session() as session:
    nodes = session. execute_read(get_all_nodes, 'xiaohong')
```

这里,session. execute_read 函数的第一个参数是函数 get_all_nodes,第二个参数 'xiaohong'就是传给函数 get_all_nodes 的参数,而且对应其第二个参数 name,它的第一个参数 tx 是不需要我们指定的,Neo4j 的驱动程序会在运行时自动给它赋值。这样调用就可以实现查找数据库中 name 属性值为 xiaohong 的所有节点。由于当前数据库中只录入了一个这样的节点,因此返回结果如图 6-41 所示。

```
<Record n=<Node element_id='4:c8daa6a3-0486-4358-b6c7-3462d3786c0a:5' labels=frozenset({'mother', 'pe
rson'}) properties={'birthday': '1993-11', 'name': 'xiaohong'}>>
```

图 6-41　基于 Python 的 Neo4j 查询结果 2

6.9　本章习题

1. (判断题)图数据库只能存放社交媒体类的关联数据,不能存放传统的结构化数据。(　)

2. (判断题)Neo4j 是开源免费的图数据库,其开源版本没有功能限制。(　)

3. (判断题)Neo4j 官方提供了针对 Python 语言的驱动库。(　)

4. (判断题)在华为云主机上可以方便地配置 Neo4j 数据库,并向外提供访问端口。(　)

5. (判断题)基于 Cypher 的查询语句 match(n:person{name: 'xiaohong'}) return n;在功能上与 match(n:person) where n. name = 'xiaohong' return n;是相同的。(　)

6. (简答题)请简述下述语句的作用:

```
match (n:person{name: 'liumen'})
set n. gender = 'male'
return n;
```

第 **7** 章

键值数据库Redis的原理与应用

7.1 Redis 简介

7.1.1 概述

随着互联网＋大数据时代的来临,传统的关系数据库已经不能满足中大型网站日益增长的访问量和数据量的需求。这个时候需要一种能够快速存取数据的组件来缓解数据库服务I/O 的压力,以解决系统性能上的瓶颈。2009 年,Redis 被开发出来用于解决上述问题。

Redis 数据库的中文名为远程字典服务器,是非关系数据库中的一种。它是使用 C 语言开发的一个基于内存的高性能键-值数据库,它同时提供多种语言的 API。Redis 是一个开源的(BSD 许可)内存中数据结构存储系统,它可以用作数据库、缓存、消息代理和流引擎,它支持多种类型的数据结构,如字符串(String)、散列(Hash)、列表(List)、集合(Set)、有序集合(Sorted Set)等。

7.1.2 特点

1. Redis 的优点

Redis 的优点如下:

(1) 数据结构丰富,支持不同种类的抽象数据结构,如字符串、列表、映射、集合、有序集合等。

(2) 简单稳定。数据存储结构只有成对出现的键和值,值理论上可以存储任意数据,可以是二进制、文本、JSON 等。

(3) 高效计算。以内存为主的设计思路使键值数据库拥有了快速处理数据的优势。Redis 将数据存放在内存中,避免了频繁读写磁盘的时间开销。同时,它采用键-值型的数据存储结构,将数据集之间的关系简单化(没有传统数据库中的多表关联关系),避免复杂计算带来的时间开销。

(4) 与其他内存数据库相比,Redis 支持数据的持久化。

2. Redis 的缺点

Redis 的缺点如下:

(1) 对值进行查找的功能较弱。键值数据库在设计之初就以键为主要对象进行各种数据操作,对值直接进行操作的功能较弱。

(2) 缺少约束,更容易出错。Redis 不要求预先定义键和值所存储的数据类型,在具体业务使用过程中,原则上什么类型的数据都可以存放,甚至放错了类型都不会报错。因此,为了避免出错,在实际应用场景中,需要更加重视设计文档的建立。

(3) 不容易建立复杂关系,Redis 不能像关系数据库那样建立复杂的横向关系。Redis 局限于两个数据集之间的有限计算,例如在 Redis 数据库中做交、并、补集运算。

7.1.3 发展历程

2008 年,来自意大利的 Salvatore Sanfilippo 创建了一个访客信息网站 LLOOGG.com。它在页面被访问的时候,会自动把访客的信息发送到统计网站的服务器,然后可以通过后台查看访客的 IP、操作系统、浏览器、使用的搜索关键词、所在地区、访问的网页地址等数据。LLOOGG.com 可以查看最多 10 000 条最新的浏览记录。它为每个网站创建一个列表(List),不同网站的访问记录进入不同的列表。如果列表的长度超过了用户指定的长度,它需要把最早的记录删除(先进先出)。

当 LLOOGG.com 的用户越来越多的时候,它需要维护的列表数量也越来越多,这种记录最新的请求和删除最早的请求的操作也越来越多。LLOOGG.com 最初使用的数据库是MySQL,每次记录和删除都要读写磁盘。随着数据量和并发量的增大,无论如何优化都无法解决网站性能降低的问题。

Salvatore Sanfilippo 考虑到最终限制数据库性能的瓶颈在于磁盘,所以他放弃磁盘,把数据放到内存中,实现了一个具有列表结构的数据库的原型。通过将数据放到内存中来提升列表的 push 和 pop 的效率。他在验证这种思路的有效性之后,用 C 语言重写了这个内存数据库,并且加上了持久化的功能。2009 年,Redis 横空出世了。

Hacker News 在 2012 年发布了一份数据库的使用情况调查,结果显示有近 12% 的公司在使用 Redis。国内如新浪微博、街旁和知乎,国外如 GitHub、Stack Overflow、Flickr、Blizzard 和 Instagram,都是 Redis 的用户。

自 2009 年以来,Redis 开源项目激发了一个由用户和贡献者组成的活跃社区。可以在官方网站(网址详见前言二维码)中获取 Redis 以及各种使用文档。2011 年 11 月 11 日,redis.cn网站正式开通,开始翻译 redis.io 全站内容。

经过多年的演进,Redis 发生了巨大的变化。由最初的支持列表结构发展到如今支持字符串、散列、集合等多种数据结构。从最初的支持单机运行发展到支持多机运行(包括复制、自动故障转移以及分布式数据库)。

7.1.4 应用场景

Redis 高效的数据读写性能适用于频繁读写的应用。但受到物理内存的限制,它不能用于海量数据的高性能读写。同时,它操作简单,无法像关系数据库那样建立复杂的横向关系。因此,目前一般不将 Redis 视为完整的数据库单独使用,它更多的是作为一个高速存取器配合关系数据库使用。

具体来说,Redis 适用于以下 4 个场景中。

1. 会话缓存(Session Cache)

用户打开一个浏览器,单击多个超链接访问服务器的多个 Web,然后关闭浏览器,整个过程就是会话。在整个会话过程中,用户的操作可能导致部分数据频繁变化。例如,在购物网站中,用户的登录、退出、购买操作可能会导致购物车信息、商品统计信息等会话数据频繁更新。利用 Redis 存储会话数据可以提高访问速度。

2. 全页缓存(FPC)

全页缓存是将整个页面保存在服务器内存中。当用户请求该页面时,系统从内存中输出相关数据。通常情况下,全页缓存对于那些包含不需要经常修改内容,但需要经过大量处理才能编译完成的页面特别有用。Redis 提供很简便的 FPC 平台。即使重启了 Redis 实例,因为有磁盘的持久化,用户也不会看到页面加载速度的下降,这是一个极大的改进。

3. 队列

Redis 在内存存储引擎领域的一大优点是提供列表和集合操作,这使得 Redis 能作为一个很好的消息队列平台来使用。同时,Redis 操作简便,它作为队列使用的操作就类似于本地程序语言对 List 的 push/pop 操作。

4. 排行榜/计数器

Redis 在内存中对数据进行递增、递减的操作实现得非常好。集合和有序集合也使得在执行这些操作的时候变得非常简单。

7.2　基本概念与设计原理

7.2.1　键值数据库

键值数据库是一种非关系数据库,它使用简单的键值方法来存储数据。键值数据库将数据存储为键-值对集合,其中键作为唯一标识符。键和值都可以是从简单对象到复杂复合对象的任何内容。

键-值对数据模型实际上是一个映射,即键是查找每条数据地址的唯一关键字,值是该数据实际存储的内容。例如键-值对("database","Redis"),其键"database"是该数据的唯一入口,而值"Redis"是该数据实际存储的内容。键-值对数据模型典型的是采用哈希函数实现关键字到值的映射,查询时,基于键的 Hash 值直接定位到数据所在的点,以实现快速查询。同时,它支持大数据量和高并发查询。

7.2.2　缓存

关系数据库面向大量数据的持久化存储,适合用于多表联合查询。但是由于 Redis 缓存容量有限,它只可以作为一个减轻数据库压力的缓冲和少量热数据存储的数据库。因此,在很多实际情况下,将 Redis 用作系统的缓存,从而减少访问关系数据库的次数,提高运行效率。

缓存是一个高速数据交换的存储器,使用它可以快速地访问和操作数据。缓存主要用来存放那些读写比很高、很少变化的数据,如商品的类目信息、热门词的搜索列表信息、热门商品信息等。由于在查询时缓存的性能比数据库高,因此应用程序读取数据时,先到缓存中读取,如果读取不到或数据已失效,再访问数据库,并将数据写入缓存。通过缓存可以实现高性能的数据查询。

使用缓存可能会带来缓存穿透、缓存击穿、缓存雪崩等一系列问题。

缓存穿透是指用户不断发起请求获取缓存和数据库中都没有的数据。当键对应的数据在缓存和数据库中都不存在时，每次针对此键的请求从缓存中获取不到，请求都会到数据库。黑客可能利用不存在的键频繁地攻击应用，导致数据库压力过大，从而可能压垮数据源。

　　缓存击穿是指缓存中没有但数据库中有的数据（一般是缓存时间到期），这是由于并发用户特别多，读缓存没读到数据，同时又到数据库取数据，引起数据库压力瞬间增大，造成过大压力。

　　缓存雪崩是指缓存中数据大批量到过期时间，而查询数据量巨大，引起数据库压力过大甚至宕机。和缓存击穿不同的是，缓存击穿是指并发查询同一条数据，而缓存雪崩是不同数据都过期了，很多数据查询不到从而需要查询数据库，对数据库造成压力。

7.2.3　Redis 数据结构

　　正如前面所言，Redis 可以存储键与 5 种不同数据结构类型之间的映射，这 5 种数据结构类型分别为字符串、列表、集合、散列和有序集合。有一部分命令对于这 5 种结构是通用的，但也有一部分命令只能对特定的一种或者两种结构使用。在 7.5 节中将对 Redis 提供的命令进行介绍。Redis 提供的 5 种数据结构如表 7-1 所示。

表 7-1　Redis 提供的 5 种数据结构

结 构 类 型	结构存储的值	结构的读写能力
String	可以是字符串、整数或者浮点数	对整个字符串或者字符串中的一部分执行操作；对整数和浮点数执行自增（Increment）或者自减（Decrement）操作
List	一个列表，列表上的每个节点都包含一个字符串	从列表的两端推入或弹出元素；根据偏移量对列表进行修剪（Trim）；读取单个或多个元素；根据值查找或移除元素
Set	包含字符串的无序收集器，并且包含的每个字符串都是独一无二、各不相同的	添加、移除、获取单个元素；检查一个元素是否存在于集合中；计算交集、并集、差集；从集合中随机获取元素
Hash	包含键-值对的无序散列表	添加、移除、获取单个键-值对；获取所有键-值对
Zset	字符串成员（Member）与浮点数分值（Score）之间的有序映射，元素的排列顺序由分值的大小决定	添加、移除、获取单个元素；根据分值范围（Range）或者成员来获取元素

7.3　Redis 数据库的安装和配置方法

　　本节将介绍 Linux 和 Windows 两个操作环境下的 Redis 数据库的安装和配置方法。其他环境下的安装和配置方法可以参考官方网站（网址详见前言二维码）。

7.3.1　Linux 下的安装和配置方法

　　大多数主要的 Linux 发行版都为 Redis 提供软件包。可以从官方 APT 存储库安装 Redis 的最新稳定版本。将存储库添加到索引，对其进行更新，然后安装。Redis 默认安装在路径/etc/redis 下，具体命令如下：

```
sudo apt update
sudo apt install redis
```

为了检查 Redis 是否安装并正常工作，可以输入以下命令检查 Redis 版本：

```
Redis-cli -- version
```

输出将显示计算机上当前安装的实用程序的版本，如图 7-1 所示。

```
root@instance-m0qhgh0k:~# redis-cli --version
redis-cli 4.0.9
```

图 7-1　检查 Redis 版本

7.3.2　Windows 下的安装和配置方法

Redis 在 Windows 环境下不受官方支持。但是，可以通过启用 WSL2（Windows Subsystem for Linux2）、从 GitHub 上下载志愿团队维护的非官方 Redis 版本、通过 Docker 安装部署 Redis 这 3 种方式在 Windows 下使用 Redis。

1. 安装或启用 WSL2

WSL2 允许在 Windows 本地运行 Linux 二进制文件。要使此方法正常工作，需要运行 Windows 10 版本 2004 及更高版本或 Windows 11。如果之前没有使用过 WSL，那么需要用管理员权限打开命令行，输入以下命令启用 Windows 子系统：

```
dism.exe /online /enable - feature/
featurename:Microsoft - Windows - Subsystem - Linux /all /norestart
```

然后启用"虚拟机平台"可选功能：

```
dism.exe /online /enable - feature/
featurename:VirtualMachinePlatform /all /norestart
```

重新启动计算机以完成 WSL 安装并更新到 WSL2。打开微软应用商店，搜索 Linux 或 Ubuntu，选择合适的版本下载。

一旦在 Windows 上运行 Ubuntu，可以使用以下命令安装 Redis：

```
sudo apt - add - repository ppa:redislabs/redis
sudo apt - get update
sudo apt - get upgrade
sudo apt - get install redis - server
```

然后启动 Redis 服务器，命令如下：

```
sudo service redis - server start
```

可以通过与 Redis 连接来测试你的 Redis 服务是否正在运行，如图 7-2 所示。

```
@DESKTOP-AD065EL:~$ redis-cli
127.0.0.1:6379> ping
PONG
127.0.0.1:6379>
```

图 7-2　测试数据库运行

2. 从 GitHub 抓取并安装适合 Windows 的 Redis 版本

虽然 Redis 官方并没有发布 Windows 平台上的程序，但是微软开源团队开始在 GitHub

上维护 Windows 平台的 Redis。但是，2016 年，微软开源团队只维护到了 Redis 3.0 版本便不再更新，使得 Windows 上可用的 Redis 版本十分落后。然而，之后又有一群志愿者站了出来，将 Redis 的 Windows 版本更新到了 5.0.14（并且还有可用的 4.0 版本）。因此，同样可以从 GitHub 上抓取并安装适合 Windows 的 Redis 版本。GitHub 仓库地址详见前言二维码。如图 7-3 所示，下载.msi 格式的安装包即可。

Redis for Windows 5.0.14.1 (Latest)

This is a bugfix/maintenance release that works around issue #130 related to usage of modules during asynchronous save operations. If you are not using modules there is no need to upgrade.

▼ Assets 4

🔷 Redis-x64-5.0.14.1.msi	6.79 MB
🔷 Redis-x64-5.0.14.1.zip	12 MB
📄 Source code (zip)	
📄 Source code (tar.gz)	

👍 31 😄 3 🎉 3 ❤ 12 🚀 4 35 people reacted

图 7-3　Windows 下的 Redis 下载

下载完毕后，运行.msi 文件并按指示操作。

3. Docker 安装部署 Redis

首先可使用如下命令检索 Redis：

```
docker search redis
```

接着输入下列命令拉取 Redis 镜像：

```
docker pull redis
```

等待几分钟即可下载完毕，如图 7-4 所示。

```
C:\Program Files\Docker\Docker>docker pull redis
Using default tag: latest
latest: Pulling from library/redis
b85a868b505f: Pull complete
b09642bd3b88: Pull complete
e0678a951c8d: Pull complete
d5d7c0a1681b: Pull complete
954286b64dd1: Pull complete
58024fcab1ef: Pull complete
Digest: sha256:d581aded52343c461f32e4a48125879ed2596291f4ea4baa7e3af0ad1e56feed
Status: Downloaded newer image for redis:latest
docker.io/library/redis:latest
```

图 7-4　拉取 Redis 镜像

之后输入如下命令创建 Redis 容器。其中，第一个 redis 代表容器的名称。

```
docker run -- name redis - p 6379:6379 redis
```

此外，还可以添加如下参数：

- -- restart: 指定自动重启 docker 容器的策略.
- -- p: 指定端口映射,格式为"本机的端口:容器的端口".
- -- v: 指定配置文件映射,格式为"本地路径:容器路径".

成功创建容器,如图 7-5 所示。

```
C:\Program Files\Docker\Docker>docker run --name redis -p 6379:6379 redis
docker: Error response from daemon: Conflict. The container name "/redis" is already in use by container "b2b089551f6d392
27f20f2faf76fd80d152ae32ccffda3d49dcf1df1616975d1". You have to remove (or rename) that container to be able to reuse tha
t name.
See 'docker run --help'.

C:\Program Files\Docker\Docker>docker run --name redis -p 6379:6379 redis
1:C 27 Oct 2022 11:26:16.318 # oOooOooOooOo Redis is starting oOooOooOooOo
1:C 27 Oct 2022 11:26:16.318 # Redis version=7.0.4, bits=64, commit=00000000, modified=0, pid=1, just started
1:C 27 Oct 2022 11:26:16.318 # Warning: no config file specified, using the default config. In order to specify a config
file use redis-server /path/to/redis.conf
1:M 27 Oct 2022 11:26:16.318 * monotonic clock: POSIX clock_gettime
1:M 27 Oct 2022 11:26:16.319 * Running mode=standalone, port=6379.
1:M 27 Oct 2022 11:26:16.319 # Server initialized
1:M 27 Oct 2022 11:26:16.319 # WARNING overcommit_memory is set to 0! Background save may fail under low memory condition
. To fix this issue add 'vm.overcommit_memory = 1' to /etc/sysctl.conf and then reboot or run the command 'sysctl vm.over
commit_memory=1' for this to take effect.
1:M 27 Oct 2022 11:26:16.319 * Ready to accept connections
```

图 7-5 创建 Redis 容器

可以通过如下命令连接 Redis。其中,第一行命令的 redis 为容器的名称。

```
docker exec - it redis bash
redis - cli
```

7.3.3 Redis 的连接与断开

Redis 安装完毕后,可以通过如下命令使用默认配置启动 Redis:

```
redis - server
```

也可以通过使用指定的配置文件启动 Redis。例如通过 Redis 安装路径下的 redis. conf(Linux 版本)或 redis. windows. conf(Windows 版本)文件来启动 Redis,命令如下:

```
redis - server /etc/redis/redis.conf
redis - server redis.windows.conf
```

Redis 启动成功,如图 7-6 所示。

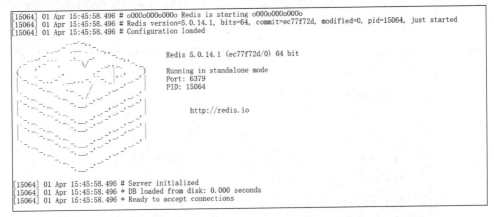

图 7-6 Redis 启动成功

在客户端可以通过如下命令连接 Redis 数据库:

```
redis-cli
```

连接之后，可以通过 exit 命令断开客户端与服务器的连接，如图 7-7 所示。

同样，在客户端可以通过如下命令关闭 Redis 服务器（见图 7-8）：

```
shutdown
```

```
127.0.0.1:6379>
127.0.0.1:6379> exit
```

图 7-7　客户端断开连接

```
127.0.0.1:6379> shutdown
not connected>
not connected>
```

图 7-8　关闭 Redis 服务器

7.4　Redis 数据库的创建方法

Redis 数据库不等同于 DBMS 中的数据库名称。这是一种为密钥创建隔离和命名空间的方法，它只提供基于索引的命名，而不是类似于 my_database 的自定义名称。默认情况下，Redis 有 0～15 个数据库索引。可选的 Redis 数据库只是命名空间的一种形式：所有数据库仍然保留在同一个 RDB/AOF 文件中。在具体使用场景中，Redis 数据库应该用于分离属于同一应用程序的不同密钥，而不是将单个 Redis 实例用于多个不相关的应用程序。

可以根据需要更改配置文件 redis.conf 中的 databases NUMBER 来修改数据库个数，如图 7-9 所示。

```
# Set the number of databases. The default database is DB 0, you can select
# a different one on a per-connection basis using SELECT <dbid> where
# dbid is a number between 0 and 'databases'-1
databases 16
```

图 7-9　修改数据库个数

与 Redis 数据库的新连接将会使用数据库 0。可以通过 select 命令进入其他编号的数据库，如图 7-10 所示。

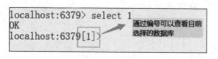

图 7-10　选择数据库

在实际场景使用 Redis 进行缓存时，往往数据量巨大，若直接以普通键-值对的形式存储，就会显得比较乱，数据分类不明显，不易于查看或查找数据，如图 7-11 所示。

```
127.0.0.1:6379> keys *
 1) "address"
 2) "key1"
 3) "age"
 4) "student"
 5) "school"
 6) "database"
 7) "skills"
 8) "key2"
 9) "login_001"
10) "Mike"
11) "Tom"
12) "skill"
13) "login:001"
14) "major"
```

图 7-11　数据存储混乱

这时,可以采取以命名空间开头的方式存储数据,使不同类型的数据统一放到一个命名空间下,一目了然。命名空间不需要预先定义,只需在存储数据时,将键-值对中的键命名为"命名空间：Key"的形式,如图 7-12 所示。

```
1) "database"
2) "login:001"
3) "login:003"
4) "login:002"
```

图 7-12 以命名空间开头的方式存储数据

7.5 Redis 的基本操作指令

为了便于读者理解并掌握 Redis 在实际应用中的使用方法,本节将引入一个具体实例,讲解 Redis 的相关命令。

为了将家乡的农产品推销出去,小波搭建了一个农产品购物网站。对于一个网站来说,用户频繁操作会导致数据频繁变化。当数据量和并发量过大时,对数据的频繁读写会导致网站性能下降。为了提升网页的载入速度,并降低资源的占用量,小波决定使用 Redis 存储一些频繁访问的数据,减少关系数据库或其他大型数据库的访问次数,提高网站的运行效率。

本节将结合案例针对 Redis 中不同的数据类型的基本操作命令进行介绍以及演示。

7.5.1 针对键的操作

在 Redis 中,除"\n"和空格不能作为名字的组成部分外,其他字符都可以作为键的名字的组成部分。名字的长度不限制。Redis 中的数据以键-值对为基本存储方式,其中键都是字符串。keys patterns 命令可以查询符合表达式 pattern 的所有键,允许模糊查询。例如,使用通配符 * 代表对任意数量的任意字符进行模糊查询:

```
127.0.0.1:6379 > keys login *
1) "login:001"
2) "login:002"
127.0.0.1:6379 > keys *
1) "cart:001"
2) "login:001"
3) "login:002"
4) "cart:002"
```

如果想查看某个键对应的值的类型,例如查看 login:001 的数据类型,可以使用 type 命令,如下所示:

```
127.0.0.1:6379 > type login:001
hash
```

可以通过 exists 命令查看是否存在某个键值,1 代表存在,0 代表不存在,如下所示:

```
127.0.0.1:6379 > exists login:001
(integer) 1
127.0.0.1:6379 > exists login:003
(integer) 0
```

使用 del 命令可以删除指定的键：

```
127.0.0.1:6379 > del login:002
(integer) 1
```

使用 expire 命令可以为键设置过期时间，单位为秒。过期后 Redis 会自动删除键。同时，可以使用 ttl 命令查询指定键还有多少秒过期。例如，设置 login 过期时间为 30 秒。查询时剩余 25 秒。等待一段时间后，再次查询发现 login 不存在。

```
127.0.0.1:6379 > expire login 30
(integer) 1
127.0.0.1:6379 > ttl login
(integer) 25
127.0.0.1:6379 > exists login
(integer) 0
```

使用 rename 命令可以为键重命名。设置键为 shujuku，值为 redis。然后使用 rename 命令修改键为 database。

```
127.0.0.1:6379 > set shujuku redis
OK
127.0.0.1:6379 > rename shujuku database
OK
127.0.0.1:6379 > exists shujuku
(integer) 0
127.0.0.1:6379 > exists database
(integer) 1
```

7.5.2 String 操作

String 类型是 Redis 中的基本类型，它是键对应的一个单一值。不必担心由于编码等问题导致二进制数据变化，因此 Redis 的 String 可以包含任何数据，比如 JPG 图片或者序列化的对象。Redis 中一个字符串值的最大容量是 512MB。

例如，小波在 Redis 中通过计数器统计网站的登录人数。每当有人登录时，使用 incr 命令加一，当有人注销账号时，使用 decr 命令减一。该操作只对数字有效。

```
127.0.0.1:6379 > incr count
(integer) 1
127.0.0.1:6379 > incr count
(integer) 2
127.0.0.1:6379 > decr count
(integer) 1
```

使用 set 命令可以设置键的值，get 命令可用于查询一个键对应的值。例如，小波在 Redis 中设置 name 对应的值为"Sales of agricultural products"：

```
127.0.0.1:6379 > set name "Sales of agricultural products"
OK
127.0.0.1:6379 > get name
"Sales of agricultural products"
```

在网站中，多用户的购买操作可能同时对商品的库存数量进行修改。为了避免这种情况，可以使用 setnx 命令构建简易锁。setnx 命令只有当键不存在时才会对值赋值并返回 1。

```
127.0.0.1:6379 > setnx lock occupy
(integer) 1
127.0.0.1:6379 > setnx lock occupy
(integer) 0
127.0.0.1:6379 > expire lock 10
(integer) 1
```

除此之外,还有一些其他针对字符串的命令,例如使用 append 命令可以将给定的值添加到原值的末尾,返回新字符串的长度:

```
127.0.0.1:6379 > append name " data
(integer) 39
127.0.0.1:6379 > get name
"Sales of agricultural products dat
```

使用 strlen 命令可以查看字符串

```
127.0.0.1:6379 > strlen name
(integer) 39
```

7.5.3　List 操作

Redis 列表是简单的字符串列表, 元素到列表的头部
(左边)或者尾部(右边)。它的底层 能很高。常见操作
说明如下。

- 遍历:遍历的时候,是从左往
- 删除:弹栈,POP。
- 添加:压栈,PUSH。

表 7-2 列出了针对 List 的常用

常用命令	
Lpush/Rpush	值
Lrange key start stop	表示全部元素
Lpop/Rpop	
Lindex	到右)
Llen	
Linsert key before/after value newval	wvalue
Lrem key n value	
Lset key index value	另一个值
rpoplpush list1 list2	压入 list2

本小节使用列表存储商品的名称。当商品多时,需要对商品进行分页展示。这时可以考虑使用 Redis 的列表,列表不但有序,而且支持按照范围获取元素,这样可以完美实现分页查询功能,大大提高查询效率。

```
127.0.0.1:6379 > lpush trade apple banana orange pineapple grape
(integer) 5
```

```
127.0.0.1:6379 > rpush trade carrot potato onion spinach caraway celery
(integer) 11
127.0.0.1:6379 > lrange trade 0 9
1) "grape"
2) "pineapple"
3) "orange"
4) "banana"
5) "apple"
6) "carrot"
7) "potato"
8) "onion"
9) "spinach"
10) "caraway"
127.0.0.1:6379 > lpop trade
"grape"
127.0.0.1:6379 > rpop trade
"celery"
127.0.0.1:6379 > lrange trade 0 - 1
1) "pineapple"
2) "orange"
3) "banana"
4) "apple"
5) "carrot"
6) "potato"
7) "onion"
8) "spinach"
9) "caraway"
127.0.0.1:6379 > linsert trade before apple pear
(integer) 10
127.0.0.1:6379 > lindex trade 3
"pear"
OK
127.0.0.1:6379 > lrange database 0 - 1
1) "sqlserver"
2) "redis"
3) "mongodb"
```

7.5.4 Set 操作

Redis 的 Set 数据类型是 String 类型的无序集合。Set 最大存储 $2^{32}-1$ 个元素。Set 数据类型跟 List 数据类型不同，Set 不能有重复的数据。

集合的常见操作有增加和删除，其他比较重要的操作有交集（Intersection）、并集（Union）和差集（Difference）。

Set 数据类型的应用场景有朋友圈的可见权限、社交应用中的朋友推荐等。

Set 常用命令如表 7-3 所示。

表 7-3 Set 常用命令

常 用 命 令	功　　能
sadd	将一个或多个元素加入集合中
smembers	取出集合的所有值
sismember	判断集合是否存在某值。若存在则返回 1，否则返回 0
scard	返回集合中元素的个数

续表

常 用 命 令	功　能
srem	从集合中删除元素
sinter key1 key2 … keyN	返回所有给定键的交集
sunion key1 key2 … keyN	返回所有给定键的并集
sdiff key1 key2 … keyN	返回所有给定键的差集

本小节使用集合存储用户的商品收藏列表。当用户收藏商品时,将商品名称添加到对应的用户收藏列表中。同时,利用集合的相关操作对不同用户的收藏栏信息进行分析。

```
127.0.0.1:6379 > sadd cart:001 apple banana onion potato
(integer) 4
127.0.0.1:6379 > sadd cart:002 apple potato grape pear
(integer) 4
127.0.0.1:6379 > scard cart:001
(integer) 4
127.0.0.1:6379 > smembers cart:001
1) "apple"
2) "potato"
3) "onion"
4) "banana"
127.0.0.1:6379 > sismember cart:001 apple
(integer) 1
127.0.0.1:6379 > sinter cart:001 cart:002
1) "apple"
2) "potato"
127.0.0.1:6379 > sunion cart:001 cart:002
1) "pear"
2) "apple"
3) "banana"
4) "grape"
5) "potato"
6) "onion"
127.0.0.1:6379 > sdiff cart:001 cart:002
1) "banana"
2) "onion"
```

7.5.5 Hash 操作

Hash 数据类型存储的数据与 MySQL 数据库中存储的一条记录非常相似。Hash 常用命令如表 7-4 所示。

表 7-4 Hash 常用命令

常 用 命 令	功　能
hmset key field value [field value…]	为指定 key 批量设置 field-value
hsetnx key field value	当指定 key 的 field 不存在时,设置其 value
hgetall key	获取指定 key 的所有信息(field 和 value)
hkeys key	获取指定 key 的所有 field
hvals key	获取指定 key 的所有 value
hlen key	指定 key 的 field 个数
hget key field	获取指定 key 中字段名 field 对应的值

常 用 命 令	功　　能
hmget key field［field …］	为指定 key 获取多个 filed 的值
hexists key field	指定 key 是否有 field
hincrby key field increment	为指定 key 的 field 加上增量 increment（只对数字有效）

本小节使用 Redis 存储用户的登录信息。当用户初次访问网站时，服务器会生成 cookie 并要求浏览器存储这些数据。用户在之后的访问中附带这个 cookie，当服务器端接收正确的 cookie 后会允许用户访问，而不需要再次验证账号和密码等信息，从而提高访问速度。同时，网站不可能允许用户一次登录永久访问，因此需要对 cookie 设置过期时间。

```
127.0.0.1:6379 > del login:001
(integer) 1
127.0.0.1:6379 > hmset login:001 id 001 cookie cookie1
OK
127.0.0.1:6379 > hgetall login:001
1) "id"
2) "001"
3) "cookie"
4) "cookie1"
127.0.0.1:6379 > hkeys login:001
1) "id"
2) "cookie"
127.0.0.1:6379 > hvals login:001
1) "001"
2) "cookie1"
127.0.0.1:6379 > hget login:001 cookie
"cookie1"
127.0.0.1:6379 > expire login:001 600
(integer) 1
```

7.5.6　Zset 操作

Zset 是一种特殊的 Set（Sorted Set），在保存值的时候，为每个值多保存了一个评分（score）信息。根据评分信息，可以进行排序。这个评分被用来按照从最低分到最高分的方式排序集合中的成员。集合的成员是唯一的，但是评分可以是重复的。Zset 常用命令如表 7-5 所示。

表 7-5　Zset 常用命令

常 用 命 令	功　　能
zadd key［score member…］	添加元素
zscore key member	返回指定值的分数
zrange key start stop［withscores］	返回指定区间的值，可选择是否一起返回分数
zrangebyscore key min max［withscores］	在分数的指定区间内返回数据，从小到大排列
zrevrangebyscore key max min［withscores］	在分数的指定区间内返回数据，从大到小排列
zcard key	返回集合中所有的元素的数量
zcount key min max	统计分数区间内的元素个数
zrem key member	删除该集合下指定值的元素
zrank key member	返回该值在集合中的排名，从 0 开始
zincrby key increment member	为元素的分数加上增量

有序集合典型的应用场景是排行榜。例如,小波使用有序集合存储每个商品的购买量,同时可以采用 zrangebyscore 命令过滤购买量在某个区间内的商品。

```
127.0.0.1:6379 > zadd sales:fruit 30 apple 15 banana 23 orange 32 grape 12 pineapple
(integer) 5
127.0.0.1:6379 > zscore sales:fruit apple
"30"
127.0.0.1:6379 > zrange sales:fruit 0 2 withscores
1) "pineapple"
2) "12"
3) "banana"
4) "15"
5) "orange"
6) "23"
127.0.0.1:6379 > zrangebyscore sales:fruit 20 30 withscores
1) "orange"
2) "23"
3) "apple"
4) "30"
127.0.0.1:6379 > zcard sales:fruit
(integer) 5
127.0.0.1:6379 > zcount sales:fruit 20 30
(integer) 2
127.0.0.1:6379 > zrank sales:fruit apple
(integer) 3
127.0.0.1:6379 > zincrby sales:fruit 10 apple
"40"
```

7.5.7 Redis 事务

视频讲解

Redis 中的事务是一组命令的集合,事务和命令一样,是 Redis 的最小执行单位。事务保证这组命令要么都执行,要么都不执行(All or Nothing)。

Redis 事务可以一次执行多个命令,并且带有以下 3 个重要的保证:

(1) 批量操作在发送 exec 命令前被放入队列缓存。

(2) 收到 exec 命令后进入事务执行,事务中任意命令执行失败,其余的命令依然被执行。

(3) 在事务执行过程中,其他客户端提交的命令请求不会插入事务执行命令序列中。

事务常用命令如表 7-6 所示。

表 7-6 事务常用命令

常 用 命 令	功 能
multi	标记一个事务块的开始
exec	执行所有事务块中的命令
discard	取消事务,放弃执行事务块中的任务
watch key[key…]	监视一个(或多个)key,如果在事务执行之前这个(或这些)key 被其他命令所改动,那么事务将被打断
unwatch	取消 watch 命令对所有 key 的监视

以下是一个事务的例子,它先以 multi 开始一个事务,然后将多个命令入队到事务中,最后由 exec 命令触发事务,一并执行事务中的所有命令:

```
127.0.0.1:6379 > multi
OK
```

```
127.0.0.1:6379 > sadd cart:003 banana
QUEUED
127.0.0.1:6379 > zincrby sales:fruit 5 banana
QUEUED
127.0.0.1:6379 > zscore sales:fruit banana
QUEUED
127.0.0.1:6379 > exec
1) (integer) 1
2) "20"
3) "20"
```

单个 Redis 命令的执行是原子性的,但 Redis 没有在事务上增加任何维持原子性的机制,所以 Redis 事务的执行并不是原子性的。

事务可以理解为一个打包的批量执行脚本,但批量指令并非原子化的操作,中间某条指令的失败不会导致前面已执行指令的回滚,也不会造成后续的指令不执行。比如:

```
127.0.0.1:6379 > multi
OK
127.0.0.1:6379 > hmset login:003 id 003 cookie cookie3
QUEUED
127.0.0.1:6379 > expire login:003 10s
QUEUED
127.0.0.1:6379 > hmset login:004 id 004 cookie cookie4
QUEUED
127.0.0.1:6379 > exec
1) OK
2) (error) ERR value is not an integer or out of range
3) OK
127.0.0.1:6379 > hgetall login:004
1) "id"
2) "004"
3) "cookie"
4) "cookie4"
```

在上述指令中,由于 expire 命令只支持数字,因此 expire login:003 10s 这条命令执行失败。由上例可以看出,即使事务队列中某个命令在执行期间发生了错误,事务也会继续执行,直到事务队列中所有命令执行完成。

7.6 Redis 基于图形化管理工具的数据库查询方法

Redis 官方发布了一款可视化管理工具 RedisInsight。本节使用 RedisInsight 来进行图形化界面的数据查询。

1. RedisInsight 的下载和安装

官方提供了 RedisInsight 的下载。进入 Redis 官方网站,找到 RedisInsight,选择安装的环境即可,如图 7-13 所示。

RedisInsight

RedisInsight is a powerful tool for visualizing and optimizing data in Redis or Redis Stack. Read the latest RedisInsight release notes.

Download the latest RedisInsight

- macOS x86_64
- macOS aarch64
- Linux
- Windows

图 7-13 RedisInsight 下载

2. 数据库连接

打开 RedisInsight 软件，找到需要连接的数据库后单击，即可进入相对应的数据库，默认连接对应数据库 0，如图 7-14 所示。

图 7-14 数据库连接

若需要进入其他编号的数据库，则可在连接界面新建连接。在 Database Index 中输入其他的编号，如图 7-15 所示。

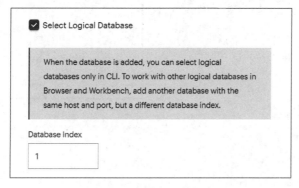

图 7-15 连接 1 号数据库

3. 数据库查询

连接数据库后，在页面左侧可以看到数据库中 key 的类型以及名称。如果数据库中存在命名空间，那么图形化界面会解析命名空间并根据不同的命名空间进行分类展示。单击某个 key 即可在页面右侧查看值，如图 7-16 所示。

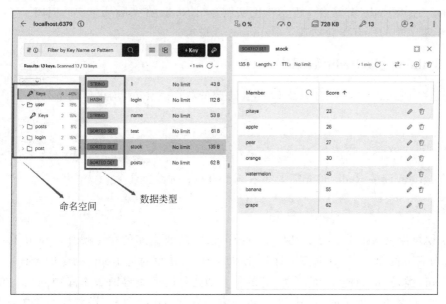

图 7-16 数据库查询界面

4. 新建 key

单击图 7-16 中的"＋Key"按钮，在如图 7-17 所示的界面右侧选择或填写键的类型、名称、过期时间以及值后，单击 Add Key 按钮即可。

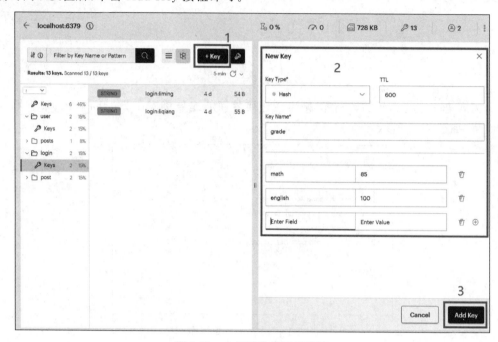

图 7-17　在图形化界面新建键

7.7　Redis 基于 Python 的数据库连接与查询

由于 Python 具有简单易用、高可读性的特点，对初学者比较友好，因此本节将介绍如何使用 Python 连接 Redis 并结合 7.5 节中的实例介绍 Redis 在实际场景中的应用。

注意：本节中的所有实验均基于 Python 3.9 进行。

7.7.1　Python 连接 Redis 数据库

无论是在 Linux 还是 Windows 环境中，只要安装了 Python，均可使用下列命令安装 redis 模块：

```
pip3 install redis
```

使用 Python 连接 Redis 首先需要导入 redis 模块，命令如下：

```
import redis
```

redis 模块提供两个类 Redis 和 StrictRedis 来实现数据库的命令操作。StrictRedis 实现了绝大部分官方的命令，参数也一一对应，比如 set() 方法就对应 Redis 命令的 set() 方法。

而 Redis 类是 StrictRedis 的子类，它的主要功能是向后兼容旧版本库中的几个方法。为了进行兼容，它对方法做了改写，比如 lrem() 方法就将 value 和 num 参数的位置互换，这和 Redis 命令行的命令参数不一致。

通过 Redis 类连接数据库的命令如下：

```
import redis
conn = redis.Redis(host = 'localhost', port = 6379, decode_responses = True)
♯使用完资源后删除客户端
del conn
```

通过 StrictRedis 类连接数据库的命令如下：

```
from redis import StrictRedis
redis = StrictRedis(host = 'localhost', port = 6379, db = 0, password = 'password')
♯使用完资源后删除客户端
del conn
```

这两种方式传入了数据库的地址、运行端口、使用的数据库和密码等信息。在默认情况下，这 4 个参数分别为 localhost、6379、0 和 None。

在 Python 3 中，Redis 连接包读取数据默认返回 Byte 类型。通过设置 decode_responses 参数为 True 可以将读取的数据类型返回为字符串。

为避免创建多个连接，以上两种连接数据库的方式需要在使用完客户端后手动删除客户端。在实际开发中，推荐使用连接池（Connection Pool）的方式连接数据库。

使用连接池来管理对一个 Redis 服务器的所有连接，可以避免每次建立、释放连接的开销。在默认情况下，每个 Redis 实例都会维护一个自己的连接池。可以直接建立一个连接池，然后作为连接 Redis 的参数，这样就可以实现多个 Redis 实例共享一个连接池。

```
♯导入 redis 模块
import redis
♯创建连接池
pool = redis.ConnectionPool(host = '127.0.0.1'.port = 6379,decode_responses = True)
♯创建客户端并连接到 Redis
conn = redis.Redis(connection_pool = pool)
```

Redis 连接实例是线程安全的，可以将 Redis 连接实例设置为一个全局变量直接使用。如果需要另一个 Redis 实例（或 Redis 数据库），就需要重新创建 Redis 连接实例来获取一个新的连接。

7.7.2 Python 操作 Redis 数据库

正如 7.7.1 节中所讲的，redis 模块提供的类实现了官方的大部分命令，参数也一一对应，只是参数的形式或位置有所变化。因此，本小节不再详细介绍 Python 操作 Redis 数据库的具体命令，而是结合网站搭建中常见的 cookie 缓存、网页缓存和数据缓存 3 个场景介绍 Python 操作 Redis 数据库的一些常用函数。

1. 用户登录和 cookie 缓存

大多数网站都会使用 cookie 记录用户的身份。cookie 是由少量数据组成的字符串（通常还要经过加密）。网站会要求浏览器存储这些数据，并在向服务器端发起请求时将这些数据传回给服务器端。服务器端接收正确的 cookie 后会允许用户访问，而不需要再次验证账号和密码等信息，从而提高访问速度。

用户登录与 cookie 缓存涉及的命令如表 7-7 所示。

表 7-7　用户登录与 cookie 缓存涉及的命令

命　　令	参 数 类 型	作　　用	案例中的用途
hget(key,field)	key：字符串 field：字符串	查找 Hash 中 field 对应的 value	查找登录用户对应的 cookie
hset(key,field,value)	key：字符串 field：字符串 value：可以是字符串，也可以是整数或浮点数	设置 Hash 中 field 对应的 value	记录登录用户对应的 cookie
zadd(key,{member1:score1,member2:score2})	以字典形式传入有序集合对应的值。member 为字符串。score 为整数或浮点数	在 key 对应的有序集合中添加 member，并设置分数为 score	记录用户的登录时间
zrangebyscore（key，min，max)	key：字符串 min、max 均为整数或浮点数类型	在分数的指定区间内返回数据，并从小到大排列	获取过期的令牌数据
zremrangebyscore(key,min,max)	key：字符串 min、max 均为整数或浮点数	删除在分数的指定区间内的数据	删除过期的会话数据

小波使用一个散列 login 来存储 cookie 令牌和已登录用户之间的映射。field 为 cookie，value 为用户 ID。要检查一个用户是否已登录，需要根据给定的令牌来查找与之对应的用户，并在用户已登录的情况下，返回用户 ID。代码如下：

```
def check_token(conn,token):
    return conn.hget('login',token)
```

由于令牌存在被人窃取的可能，因此不允许令牌永不过期。通过记录令牌生成的时间戳，可以通过定期清理的方式清理掉一定时间前生成（过旧）的令牌，从而实现令牌的时限性，这在一定程度上减少了 Redis 的存储量，避免内存过高消耗。使用有序集合记录令牌生成时间可以更便捷地根据时间戳对令牌进行排序，然后对一定时间前生成（过旧）的令牌进行删除。

因此，当用户每次浏览页面时，程序会对用户存储在 login 散列中的信息进行更新，并将时间戳作为分值，令牌作为成员，记录到有序集合 recent:token 中。代码如下：

```
def update_token(conn,token, user_id):
    timestamp = time.time()
    pipe = conn.pipeline()
    pipe.hset('login',token,user_id)
    pipe.zadd('recent:token', {token:timestamp})
    pipe.execute()
```

通过 update_token 函数可以记录用户最后一次浏览网页的时间。而随着登录用户的增多，令牌存储所需的内存也会不断增加，这时需要定期清理过期的令牌数据。

本小节将令牌的有效时间设置为一个星期（86 400 秒），在每次清理令牌数据时，找到令牌生成时间在一个星期前的数据，并将这些令牌和令牌生成时间数据以及 login 中用户与 cookie 之间的映射数据全部删除。

```
def clean_tokens():
    one_week_ago_timestamp = time.time() - 86400
    expired_tokens = conn.zrangebyscore('recent:token', 0, one_week_ago_timestamp)
    conn.zremrangebyscore('recent:token', 0, one_week_ago_timestamp)
    conn.hdel('login', * expired_tokens)
```

2. 网页缓存

在动态生成网页的时候,通常会使用模板来简化网页的生成。通常,一个网页包括头部、尾部、侧边栏、工具栏和内容域等部分,每个部分都会独立使用一个模板来编写。尽管现在都是动态地生成网页,但其中部分网页的内容不会经常变化(或发生大的变化),大多数网页的内容也会在一定周期内保持不变,这些网页就不需要每次载入时重新读写磁盘了。

小波将不经常变化的网页内容,如网页登录页面、导航栏等内容存储到缓存来提升网站的访问速度。

因此,在用户请求被响应之前,需要通过一个缓存函数来判断缓存中是否存在所请求的页面,该函数的功能如下:

(1)尝试从缓存中取出该请求的响应页面并返回。

(2)若上述缓存不存在(失效),则响应该请求,生成页面,并使用 Redis 缓存页面结构,同时设置生存时间为 10 分钟。

网页缓存涉及的命令如表 7-8 所示。

表 7-8 网页缓存涉及的命令

命 令	参 数 类 型	作 用	案例中的用途
get(key)	key:字符串	获取 key 对应的 value	存储网页 URL 与内容之间的映射
setex(key,value,time)	key:字符串 value:字符串、整数或浮点数 time:整数,以毫秒为单位	设置 key 对应的 value,并将 key 的过期时间设置为 time	设置网页缓存的生存时间

为实现缓存函数,使用键 cache:{id}来缓存网页。其中{id}为将具体网页的 request_url 进行哈希编码后产生的唯一标识。值为网站的内容 content。content 设置生存时间为 600 秒。这里为了方便,将网站的内容 content 设置为字符"fake content for"+request_url。具体代码如下:

```
def cache_request(conn,request_url):
    page_key = 'cache:' + str(hash(request_url))
    content = conn.get(page_key)
    if not content:
        content = "fake content for " + request_url
            #在真实场景中应为响应请求,获取页面内容
        conn.setex(page_key, content, 600)
    return content
```

3. 数据缓存

虽然可以使用 Redis 进行页面缓存,但还有少部分动态页面不可以对整个页面进行缓存,例如网站商品页面、用户详情页面等。尽管这些页面不可以使用页面缓存,但仍可以对其中的动态内容所需要的数据进行缓存,比如商品价格、库存量等数据,从而加快动态页面绘制时读取数据的速度,减少页面载入所需的时间。

使用 Redis 进行数据缓存的做法如下:

* 编写一个将数据加入缓存队列的函数。通过一个有序集合 cache:list 存储数据加入缓存的时间,成员为数据 ID(唯一标识),分值为当前时间(time.time())。同时,通过一

个有序集合 cache:delay 存储数据更新周期,成员为数据 ID(唯一标识),分值为更新周期,单位为秒。

- 编写一个定时缓存数据的函数,将数据转换成 JSON 格式,然后将上述 JSON 数据存储到 Redis 中,根据缓存更新周期定时更新 Redis 中的缓存键。

数据缓存涉及的命令如表 7-9 所示。

表 7-9 数据缓存涉及的命令

命　　　令	参 数 类 型	作　　用	案例中的用途
zadd(key,{member: score})	以字典的形式传入有序集合对应的值。member 为字符串 score 为整数或浮点数	在 key 对应的有序集合中添加 member,并设置分数为 score	记录用数据下一次要更新的时间记录数据的更新周期
zrange(key,start,stop, withscores=True)	key 为字符串 start、stop 均为整数 withscores= True 代表同时返回 member 和 score。默认为 False,即只返回 member	返回指定区间的值,可选择是否一起返回 score	取出缓存队列中指定区间的值
zscore(key,member)	均为字符串	返回有序集合中指定成员的分数	取出有序集合中某成员的更新时间
zrem(key,member)	均为字符串	删除有序集合中的 member	
delete(key)	字符串	删除 key	

将数据加入缓存队列的代码如下:

```
def add_cache_list(conn,data_id, delay):
    conn.zadd('cache:list',{data_id:time.time()})
    conn.zadd('cache:delay',{data_id:delay})
```

为了实现定时缓存函数,这里使用 cache:data:{data_id} 作为存储数据的 key,其中 data_id 为具体数据的 ID。

将数据加入缓存队列后,就将有序集合 cache:list 的分值看作下一次要更新的时间,所以可以根据分值对有序集合 cache:list 进行排序,并连同分值一起取出按从小到大顺序排列的第一个成员(最可能需要更新的成员):

接下来,判断该成员是否需要更新:

- 若成员不存在或成员分值大于当前时间(还没有到达下一次更新的时间),则等待 100 毫秒,重复操作。
- 若需要更新,则从有序集合 cache:delay 中取出该成员的更新周期,若更新周期小于或等于 0,则从有序集合 cache:delay 和 cache:list 中删除该成员并删除该成员的缓存键 cache:data:{data_id}。
- 若更新周期大于 0,则将当前时间加上该成员的更新周期,重新存入有序集合 cache:list 中。接着从数据库中获取该数据值(这里可以用假数据替代,例如{'id':id,'data': 'fake data'})。最后更新该成员的缓存键 cache:data:{data_id},值为编码成 JSON 格式的上述数据。

```
def cache_data(conn):
    while not Quit:
```

```
next = conn.zrange('cache:list', 0, 0, withscores = True)
now = time.time()
if not next or next[0][1] > now:
    time.sleep(0.1)
    continue
data_id = next[0][0]
delay = conn.zscore('cache:delay', data_id)
if delay <= 0:
    conn.zrem('cache:delay', data_id)
    conn.zrem('cache:list', data_id)
    conn.delete('cache:data:' + data_id)
else:
    data = {'id': data_id, 'data': 'fake data'}
    conn.zadd('cache:list', {data_id, :now + delay})
    conn.set('cache:data:' + data_id, json.dumps(data))
```

7.8 Redis 的维护

7.8.1 数据的导入与导出

Redis 导入/导出数据的方式主要有使用 redis-dump 工具和利用 Redis 的持久化两种方式。后者将在 7.8.2 节中进行介绍。本小节介绍使用 redis-dump 导入导出数据。redis-dump 是一个用于 Redis 的数据导入/导出的工具。它是基于 Ruby 实现的,因此需要先安装 Ruby。

在 Ubuntu 环境中通过以下命令安装 redis-dump:

```
sudo apt - get install ruby ruby - dev gcc
sudo gem install redis - dump
```

若上述命令执行失败,则可以使用 sudo apt install build-essential 命令,该命令将安装包括 gcc、g++、make 在内的一系列包,之后再运行上述命令。

在 Windows 环境下,可以先通过官方网址(网址详见前言二维码)下载 Ruby,如图 7-18 所示,选择带 Devkit 的版本。

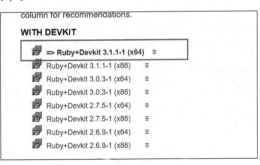

图 7-18 在 Windows 下安装 Ruby

之后按照提示进行安装。若出现如图 7-19 所示的内容,则表示安装成功。

之后打开命令行,输入 rifk install。之后输入 1,将会出现 properly installed。至此,完成 Ruby 的安装配置。

然后开始 redis-dump 的安装。打开 cmd 窗口,输入下列命令:

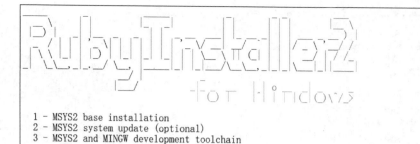

图 7-19　安装 Ruby 成功

```
gem install redis - dump
```

安装成功之后，可以使用 redis-dump 命令进行备份，命令如下：

```
redis - dump - u url:port > redis_6379.json
```

例如，使用下列命令将本地的 Redis 数据库导出到本地的文件中：

```
redis - dump - u localhost:6379  > F:/redis/redis_6379.json
```

之后使用 redis-load 命令可以将本地文件导入到数据库中：

```
< redis_6379.json redis - load - u 127.0.0.1:6379
```

7.8.2　持久化

Redis 是一个内存数据库，数据保存在内存中，但是内存的数据变化是很快的，也容易丢失。因此，Redis 提供了两种持久化的机制，分别是 RDB（Redis Database）和 AOF（Append Only File）。

1. RDB 持久化

RDB 持久化是指在指定的时间间隔内将内存中的数据集快照写入磁盘，这也是默认的持久化方式。这种方式将内存中的数据以快照的方式写入二进制文件中，默认的文件名为 dump.rdb。配置文件 redis.conf 中保存了 RDB 和 AOF 两种持久化机制的各种配置。当符合一定条件时，Redis 会自动将内存中的数据进行快照并持久化到硬盘。持久化文件将存储在 dir 指定的路径下。RDB 默认的持久化配置如图 7-20 所示。

```
save 900 1
save 300 10
save 60 10000

stop-writes-on-bgsave-error yes
rdbcompression yes
dbfilename dump.rdb
dir ./
```

图 7-20　RDB 默认配置选项

创建快照有以下 5 种方式：

（1）客户端发送 besave 命令。服务器接收到命令后，Redis 会创建一个子进程负责快照，父进程继续处理命令请求。

（2）客户端发送 save 命令。服务器接收到命令后，Redis 负责创建快照。在快照创建完成之前不再响应命令请求。

（3）通过配置文件的 save 选项。例如，图 7-20 中的 save 60 10 000 表示自上一次创建快照之后，60 秒之内如果有 10 000 次写入，就执行 besave 命令。当有多个 save 选项时，满足一个则执行 besave 命令。

（4）正常终止 Redis 服务器时，将会在执行 save 命令后关闭服务器。

（5）执行复制时。

可以利用 RDB 持久化生成的 dump.rdb 文件进行数据的迁移。只需用原 Redis 服务器的 dump.rdb 文件替换掉目标 Redis 服务器的 dump.rdb 文件，之后重启目标 Redis 服务器即可。

2. AOF 持久化

全量备份总是耗时的，Redis 提供了一种更加高效的持久化方式，即 AOF。

AOF 持久化以独立日志的方式记录每次写命令，重启时再重新执行 AOF 文件中的命令达到恢复数据的目的。与 RDB 相比，可以简单描述为记录数据产生的过程。默认情况下，Redis 没有开启 AOF 方式的持久化，如图 7-21 所示。

```
appendonly no
appendfilename "appendonly.aof"
appendfsync everysec
no-appendfsync-on-rewrite no
auto-aof-rewrite-percentage 100
auto-aof-rewrite-min-size 64mb
```

图 7-21　AOF 默认配置选项

要使用 AOF 持久化，需要在配置文件 redis.conf 中设置 appendonly yes 选项。

Redis 提供了 3 种同步选项（appendfsync），如表 7-10 所示。

表 7-10　同步选项

数 据 类 型	描　　述
选项	同步频率
always	每个写命令后同步
everysec	每秒执行一次同步
no	由操作系统决定何时同步

默认的同步策略为 everysec，在这种配置下，Redis 仍然可以保持良好的性能，并且即使发生故障停机，也最多只会丢失一秒钟的数据。与 RDB 一样，AOF 同步也会在后台线程执行，所以主线程可以继续处理命令请求。everysec 兼顾数据安全与写入性能，因此推荐使用 everysec 选项。

虽然使用 always 同步策略会使每个 Redis 写命令同步写入硬盘，从而在系统故障时丢失最少的数据，但是这种同步策略需要对硬盘进行大量的写入操作，磁盘性能会限制 Redis 处理命令请求的速度。

如果使用 no 选项，那么 Redis 将不会对 AOF 文件执行显式的同步操作，同步何时进行将会由操作系统决定。该选项可能会导致系统故障时丢失较多的数据，所以一般不推荐使用。

AOF 持久化灵活地提供了多种同步策略以满足不同应用程序的需求。但 AOF 也有缺陷,那就是 AOF 文件的体积会不断增大。随着 Redis 的不断运行,Redis 会不断地将被执行的写命令记录到 AOF 文件的末尾,AOF 文件的体积将会不断增长,极端情况下,甚至会用完硬盘的所有可用空间。同时,随着 AOF 文件的不断增大,在恢复数据时,所需的还原操作执行时间也会不断增长。

为了解决上述问题,Redis 提供了 bgrewriteaof 命令,在后台对 AOF 进行重写。该命令会移除 AOF 文件中的冗余命令,使得重写后的新 AOF 文件仅包含恢复当前数据集所需的最小命令集合。

可以通过配置图 7-21 中的 auto-aof-rewrite-percentage 和 auto-aof-rewrite-min-size 选项来自动执行 bgrewriteaof 命令。前者表示当 AOF 文件的体积和上一次重写后的体积的比例大于该选项时,执行重写。后者表示当 AOF 文件的体积大于该选项时,执行重写。若两个选项同时设置,则需要满足所有的选项时才执行重写。

同样可以利用 AOF 持久化来恢复数据。例如,输入一些数据后清空数据库:

```
127.0.0.1:6379 > select 3
OK
127.0.0.1:6379[3]> set key1 value1
OK
127.0.0.1:6379[3]> set key2 value2
OK
127.0.0.1:6379[3]> set key3 value3
OK
127.0.0.1:6379[3]> keys *
1) "key2"
2) "key3"
3) "key1"
127.0.0.1:6379[3]> flushdb
OK
```

打开 appendonly.aof 文件,可以看到刚才测试的命令,如图 7-22 所示。

```
*3
$3
set
$4
key2
$6
value2
*3
$3
set
$4
key3
$6
value3
*1
$7
flushdb
```

图 7-22 appendonly.aof 文件的内容

然后删除 flushdb 命令以及之后的命令。重启 Redis 服务器,会发现清空的数据恢复了。

```
127.0.0.1:6379 > select 3
OK
127.0.0.1:6379[3]> keys *
1) "key2"
2) "key1"
3) "key3"
```

3. 两种方式的优缺点

表 7-11 比较了 AOF 与 RDB 两种持久化方式的优缺点。

表 7-11　两种持久化方式的优缺点对比

持久化方法	优　　点	缺　　点
RDB	• 快照文件十分紧凑。该方式下,数据库只包含一个文件,适合用于备份,进而可用作灾难恢复。 • 最大化 Redis 性能,子进程负责创建快照,不影响父进程。 • 恢复大数据集时比 AOF 块	系统故障时会丢失上一次创建快照后写入的所有数据
AOF	• 更高的数据安全性。 • AOF 文件易于分析、导出和进行人工处理	• AOF 文件体积大 • AOF 速度较慢

一般来说,如果想达到关系数据库的数据安全性,应该同时使用这两种持久化方法。

有很多用户都只使用 AOF 持久化,但并不推荐这种方式,一方面是因为定时生成的 RDB 快照非常便于进行数据库备份,另一方面 RDB 恢复数据库的速度也要比 AOF 快。

7.8.3　复制

视频讲解

通过持久化,Redis 保证了在服务器重启的情况下也不会损失(或少量损失)数据。但现在数据仍然存储在一台服务器上,如果这台服务器的硬盘出现故障,数据就会丢失。

为了避免上述的单点故障,复制是不可或缺的,可以将数据库的多个副本部署在不同的服务器上,这样即使一台服务器出现故障,其他服务器仍然可以继续提供服务。为此,Redis 提供了复制特性。

Redis 的复制是主从复制。一般情况下,主数据库(Master)可以进行读写操作,从数据库(Slave)只可进行读操作。当主数据库因为写操作导致数据变化时,会向从数据库发送更新,及时更新从数据库。在 Redis 中使用复制很简单,不需要配置主数据库,只需要在从数据库的配置文件中输入:

```
slaveof host port
```

其中,host 是主数据库地址,port 是主数据库端口。这样 Redis 服务器会根据该选项连接给定的主数据库。

对于运行中的 Redis 服务器,可以通过客户端发送 slaveof no one 命令停止与主数据库的同步,不再接受主数据库的数据更新;也可以通过 slaveof host port 命令让该服务器开始复制指定的数据库。

例如,在一台机器上启动两个 Redis 实例,分别监听 6379 和 6666 端口,其中一个作为主数据库,另一个作为从数据库来直观地展示复制过程:

```
# 启动监听 6379 端口的 Redis 实例,作为主服务器
redis - server
# 启动监听 6666 端口的 Redis 实例,作为从服务器
redis - server - port 6666 - slaveof 127.0.0.1 6379
```

可以使用 info 命令分别查看主数据库和从数据库的 replication 节的相关信息:

```
# 主数据库
$ redis - cli - p 6379
```

```
127.0.0.1:6379 > info replication
# Replication
role:master
connected_slaves:1
slave0:ip = 127.0.0.1,port = 6666,state = online,offset = 280,lag = 1
master_replid:eb5dbbdd068395d709051cfb1ba4e4e4708c1a29

# 从数据库
$ redis - cli - p 6666
127.0.0.1:6666 > info replication
# Replication
role:slave
master_host:127.0.0.1
master_port:6379
```

此时,主数据库内的任何数据变化都会被自动同步到从数据库中,例如,在主数据库中写入一个字符串键,从数据库会同步该键。默认情况下,从数据库是只读的,所以对从数据库进行写操作会报错。

```
# 主数据库写入数据
127.0.0.1:6379 > set database redis
OK

# 从数据库同步到值,从数据库的写操作会报错
127.0.0.1:6666 > get database
"redis"
127.0.0.1:6666 > set database mysql
(error) READONLY You can't write against a read only replica.
```

Redis 采用的是乐观复制的复制策略,其容忍一定时间内的主从数据库不同步,但两者的数据最后将是同步的。这是由于主从数据库之间的复制是异步过程导致的,但这也保证了复制过程不会对主数据库的性能造成影响。

7.8.4 过期策略和内存淘汰机制

1. 过期策略

对于 Redis 服务器来说,内存资源非常宝贵,如果一些过期键一直不被删除,就会造成资源浪费,因此需要采用一定的策略对过期键进行删除。常见的删除策略有以下 3 种。

1) 定时删除

在设置键的过期时间的同时创建一个定时器,让定时器在键的过期时间来临时立即执行对键的删除操作。

优点：对内存友好,可以及时释放键所占用的内存。

缺点：对 CPU 不友好,特别是在过期键比较多的情况下,删除过期键会占用相当一部分 CPU 时间。同时,在内存不紧张,CPU 紧张的情况下,将 CPU 用在删除和当前任务不相关的过期键上,会对服务器响应时间和吞吐量造成影响。

2) 惰性删除

放任过期键不管,每次从键空间中获取键时,检查该键是否过期,如果过期,就删除该键,

如果没有过期,就返回该键。

优点:对 CPU 友好。只在操作的时候进行过期检查,删除的目标仅限于当前需要处理的键,不会在其他与本次操作无关的过期键上花费任何 CPU 时间。

缺点:对内存不友好。

3)定期删除

每隔一段时间,程序对数据库进行一次检查,删除里面的过期键。

其中定时删除和定期删除为主动删除策略,惰性删除为被动删除策略。Redis 服务器使用的是惰性删除和定期删除两种策略,通过配合使用这两种策略,服务器可以很好地平衡 CPU 和内存。其中惰性删除为 Redis 服务器的内置策略。而定期删除可以通过以下两种方式设置:

(1)通过配置 redis.conf 配置文件中的 hz 选项,如图 7-23 所示。hz 默认为 10,即 1 秒执行 10 次,值越大,说明刷新频率越快,对 Redis 的性能损耗也越大。

```
# The range is between 1 and 500, however a value over 100 is usually not
# a good idea. Most users should use the default of 10 and raise this up to
# 100 only in environments where very low latency is required.
hz 10
```

图 7-23 定期删除的配置

(2)配置 redis.conf 的 maxmemory 最大值,当已用内存超过 maxmemory 时,就会触发主动清理策略。

2. 内存淘汰机制策略

Redis 缓存使用内存保存数据,避免了系统直接从后台数据库读取数据,提高了响应速度。由于缓存容量有限,当缓存容量达到上限时,就需要删除部分数据,这样才可以继续添加新数据。为了解决上述问题,Redis 定义了淘汰机制。

Redis 4.0 之前一共实现了 6 种内存淘汰策略,在 4.0 之后,又增加了 2 种内存淘汰策略。截至目前,Redis 定义了 8 种内存淘汰策略用来处理 Redis 内存满的情况,如表 7-12 所示。

表 7-12 Redis 内存淘汰策略

内存淘汰策略	含 义
noeviction	Redis 的默认策略,不会淘汰任何数据,当使用的内存空间超过 maxmemory 值时,返回错误
volatile-ttl	筛选设置了过期时间的键-值对,越早过期的越先被删除
volatile-random	筛选设置了过期时间的键-值对,随机删除
volatile-lru	使用 LRU 算法筛选设置了过期时间的键-值对
volatile-lfu	使用 LFU 算法筛选设置了过期时间的键-值对
allkeys-random	在所有键-值对中,随机选择并删除数据
allkeys-lru	使用 LRU 算法在所有数据中进行筛选
allkeys-lfu	使用 LFU 算法在所有数据中进行筛选

其中,LRU(Least Recently Used)最近最少使用(最长时间)淘汰算法用于淘汰最长时间没有被使用的数据。LFU(Least Frequently Used)最不经常使用(最少次)淘汰算法用于淘汰一段时间内使用次数最少的数据。

7.9 Redis 的拓展知识

7.9.1 Redis 使用注意事项

1. 注意节省内存

Redis 之所以快，是因为它是一款内存数据库，但是一台机器的内存都是有限且比较珍贵的资源，使用 Redis 的时候需要合理地规划对应的内存优化策略。可以通过以下 5 种方式尽可能节省内存：

（1）控制 key 的长度。当 key 的量级很大时，合理地控制 key 的长度可以节省很大的空间。

（2）控制 value 的大小。

（3）合理地选择数据结构。例如，小波在存储用户登录信息时，尽量把用户名、用户编号、cookie 等信息存储在一张散列表中，而不是分别使用 key 存储这些信息。

（4）把 Redis 尽量当成缓存使用。

（5）实例设置 maxmemory＋淘汰策略。虽然使用 Redis 的时候会设置 key 的过期时间，但是如果业务写入量比较大的话，那么短期内 Redis 的内存依旧会快速增加，需要提前预估业务数据量，然后给实例设置 maxmemory 控制实例的内存上限，然后设置内存过期策略。

2. 性能问题

为了持续发挥 Redis 的高性能，在实际命令的使用中需要注意以下两项：

（1）在执行 $O(N)$ 级别的命令时，关注 N 的大小。例如，在商品列表中元素数量未知的情况下，尽量避免使用以下命令：

```
lrange trade 0 -1
```

在实际查询数据时，可以先使用 len 或 hlen 等命令查询数据元素的数量，若数量较少，则可一次性查询。若数据较大，则可分批查询。

（2）使用批量的命令代替单个命令。例如，在列表和散列等数据结构中，使用 mget、mset、hmget、hmset 等命令代替 get、set、hget、hset 等命令。在其他数据结构中，推荐使用 pipeline，打包一次发送多个命令到服务器端执行。

3. 安全问题

需要注意以下安全问题：
（1）不要把 Redis 部署在公网可访问的服务器上。
（2）部署时不使用默认端口 6379。
（3）限制 Redis 配置文件的目录访问权限。
（4）推荐开启密码认证。
（5）禁用或重命名危险命令（keys、flushall、flushdb 等）。

7.9.2 其他键值数据库

Redis 作为键值数据库的代表，其简洁高效、安全稳定，受到广大开发者的学习与探索。除此之外，还存在其他的键值数据库也被应用，具体有以下 3 种。

1. Memcached

Memcached 是一个自由开源的高性能分布式内存对象缓存系统。本质上,它是一个简洁的键-值存储系统。它的使用目的主要是通过缓存数据库查询结果减少数据库访问次数,以提高动态 Web 应用的速度,提高可扩展性。虽然它的数据结构单一,没有像 Redis 那样丰富的数据结构,但它的单实例吞吐量极大,同时配置维护的成本较低。

2. LevelDB

LevelDB 是 Google 实现后现已开源的高效持久化的键-值数据库,对于随机写有着良好的性能,适用于查询少、写入多的系统。在百万数量级下,LevelDB 仍保持着高速的响应,这主要是由于它采用了日志结构化合并(Log Structured Merge,LSM)树算法,对索引变更先延时暂时保存,达到一定程度再统一处理,通过合并更新至硬盘减少系统的开销。

3. RocksDB

RocksDB 是由 Facebook 开发的一个高性能、持久化的嵌入式键值存储系统。RocksDB 的目标是提供高度优化的数据存储引擎,以满足对读写性能和可靠性有严格要求的应用程序。它适用于需要高性能、持久化存储、针对固态硬盘进行优化的场景。

7.9.3 Redis 与其他数据库对比

表 7-13 将 Redis 与其他常用的数据库以及类似的缓存服务器进行了对比。

表 7-13 常用的数据库与缓存服务器对比

名 称	类 型	数据存储选项	查询类型	附加功能
Redis	基于内存的非关系数据库	字符串、列表、集合、哈希、有序集合	针对数据类型有专属命令,另有批量操作和不完全的事务支持	发布与订阅、复制、持久化、脚本扩展
Memcached	基于内存的键值缓存	键值映射	创建、读取、更新、删除等	多线程支持
MySQL	关系数据库	数据表、视图等	查询、插入、更新、删除、内置函数、自定义存储过程等	支持 ACID 性质、复制等
MongoDB	基于硬盘的非关系型文档存储数据库	无 schema 的 BSON 文档	创建、读取、更新、删除、条件查询等	复制、分片、空间索引等

7.10 本章习题

1. AOF 持久化中,最佳的同步策略是( )。
  A. everysec   B. no   C. yes   D. always

2. (多选)下面是配置文件 redis.conf 中的一个重写 AOF 配置:

auto - aof - rewrite - percentage 100
auto - aof - rewrite - min - size 64mb

请问这个配置代表什么意思?( )
  A. 当目前 AOF 文件大小超过上一次重写后的文件大小的 100% 时进行重写

    B. 当目前 AOF 文件大小是上一次重写后的文件大小的 100% 时进行重写

    C. 当目前 AOF 文件超过 64MB 后进行重写

    D. 当目前 AOF 文件超过上一次重写后的文件大小 64MB 时进行重写

    E. 以上选项均不正确

3. 现有一组主从数据库，其主数据库为 127.0.0.1:6379，从数据库为 127.0.0.1:6666。依次执行下列操作：

（主数据库中）LPUSH Jack:skill redis python mysql

（从数据库中）RPOP Jack:skill

（从数据库中）LPUSH Jack:skill mongodb

（主数据库中）LPUSH Jack:skill java

在该主从数据库中，主数据库负责写，从数据库负责读，采用默认配置，请问现在主数据库中的 Jack:skill 队列内的元素顺序（从左至右）为（　　　）。

    A. java mysql python redis

    B. redis python mysql java

    C. mongodb mysql python

    D. redis python mongodb

4. Redis 为什么将数据放在内存中？

5. 持久化方式有哪些？有什么区别？

6. 怎么理解 Redis 事务？

7. 如何使用 Redis 的相关命令构建锁？请简要概述思路，并使用 Python 完善获取锁的函数。（提示：使用 setnx 命令。函数传入参数 lockname 为锁的名称，acquire_timeout 为获取该锁的最大等待时间，lock_timeout 为锁的过期时间。若获取到锁，则设置锁的过期时间并返回锁的唯一标识。若失败，为了避免锁的过期时间未设置上，需要检测锁的剩余生存时间，若不存在，则重新设置锁的过期时间。若超时仍未获得该锁，则返回 False）

8. 什么是缓存？什么样的数据适合缓存？

9. 简述 Redis 过期键的删除策略。

10. Redis 如何进行内存优化？

图书资源支持

感谢您一直以来对清华版图书的支持和爱护。为了配合本书的使用，本书提供配套的资源，有需求的读者请扫描下方的"书圈"微信公众号二维码，在图书专区下载，也可以拨打电话或发送电子邮件咨询。

如果您在使用本书的过程中遇到了什么问题，或者有相关图书出版计划，也请您发邮件告诉我们，以便我们更好地为您服务。

我们的联系方式：

清华大学出版社计算机与信息分社网站：https://www.shuimushuhui.com/

地　　址：北京市海淀区双清路学研大厦 A 座 714

邮　　编：100084

电　　话：010-83470236　010-83470237

客服邮箱：2301891038@qq.com

QQ：2301891038（请写明您的单位和姓名）

资源下载： 关注公众号"书圈"下载配套资源。

资源下载、样书申请

书 圈

图书案例

清华计算机学堂

观看课程直播